Lukas Schmid

Mein Camper

Mein Camper

Der Guide zum Aus- und Umbau deines Campervans

Lukas Schmid

Markt+Technik

ISBN 978-3-98810-013-9

Produktmanagement Christian Braun, Burkhardt Lühr
Lektorat, Herstellung Jutta Brunemann
Covergestaltung David Haberkamp
Coverfoto © photoschmidt, Patrizia Tilly, DNY3D – Adobe Stock
Satz inpunkt[w]o, Wilnsdorf (www.inpunktwo.de)
Druck mediaprint solutions GmbH, Paderborn
Printed in Germany

Inhaltsverzeichnis

Einleitung: Mein Start als Bulli-Besitzer

Als ich mir 2016 meinen T5 Transporter zulegte, wollte ich diesen eigentlich nur als Zweitwagen und reines Freizeitfahrzeug zum Angeln nutzen.

Ich schaute damals mehrere Monate immer wieder im Netz nach passenden Angeboten, und natürlich sperrte ich stets meine Augen bei meiner damaligen Arbeit im VW-Autohaus auf.

Durch meine zehn Jahre ausgeführte Tätigkeit als Kfz-Mechatroniker und Servicetechniker in einer VW-Werkstatt wusste ich genau, auf welche Ausstattungsmerkmale ich Wert lege und auf welche »Krankheiten« zu achten ist.

Meine Wahl viel daher (auch bemessen am gesetzten Budget von maximal 8.000 Euro) auf einen T5.1 Transporter Baujahr 2005 mit kurzem Radstand. Wichtig war mir hierbei, einen 1,9 l TDI mit 105 PS ohne Dieselpartikelfilter zu bekommen (Motorkennbuchstabe AXB). Dieser weist meiner Erfahrung nach die wenigsten Probleme auf und ist mit seinen 105 PS noch einigermaßen spritzig zu fahren. Außerdem ist dieser Motor wartungsfreundlicher als der größere 2,5 l TDI. Aus Erfahrung wusste ich, wie bescheiden sich der leistungsstärkere Motor reparieren lässt. Außerdem sollte man im Falle einer Reparatur immer auch die Instandsetzungskosten im Auge behalten, die bei größeren Motoren oder technisch fortgeschritteneren Fahrzeugen schnell in die Höhe getrieben werden.

Für etwa 5000 Euro kaufte ich dann nach etlichen Monaten Transportersuche einen ehemaligen Dienstwagen einer Sanitärfirma. Optisch etwas runtergekommen, konnte ich im Computersystem auf meiner Arbeit anhand der »Reparaturhistorie« sehen, dass schon diverse Verschleißteile wie Kupplung, Zweimassenschwungrad und auch eines der bekannten Probleme dieser Modellreihe – die Antriebswelle – ersetzt worden waren. Alles Reparaturen, die bei einer Laufleistung von circa 175.000 km anfallen durften. Bevor man sich für einen Gebrauchtwagen entscheidet, kann ich nur jedem ans Herz legen, bei einem Fachhändler, gegebenenfalls für ein kleines Trinkgeld, um Einsicht in die Reparaturhistorie zu bitten. In der Regel wird ein freundlicher Serviceberater Einblick gewähren und im besten Fall noch eine Einschätzung zum Fahrzeug äußern können.

Nach kurzer Probefahrt hatte die Autosuche für mich endlich ein Ende und das passende Fahrzeug war gefunden. Als stolzer Bulli-Besitzer fuhr ich den T5 in sein neues Zuhause.

Außer dem Ausbau des noch vorhandenen Werkzeugregals sowie dem Entfernen der Firmenaufkleber wollte ich vorerst keine großen Umbaumaßnahmen vornehmen. Technisch habe ich den T5 natürlich noch einmal genau unter die Lupe genommen und alle Problemchen direkt in Ordnung gebracht. Den einzigen Nutzen, den der Transporter damals erfüllen sollte, war, am Wochenende für meine Angelausflüge zur Verfügung zu stehen.

Im Laufe der Zeit kamen mir dann doch immer wieder Umbauten in den Sinn, die ich ohne große Kosten und Mühen relativ einfach vornehmen konnte.

Alle großen Umbauten werde ich nun in diesem Buch von Anfang an detailliert zusammentragen, sodass jeder Leser, egal ob Angler, »Vanlifer«, Campingfan oder wer auch immer dieses Buch erworben hat, etwas Nützliches daraus entnehmen kann. Sei es nur als Inspiration oder als direkte Anleitung zum Nachbauen oder Umrüsten.

Ich wünsche viel Spaß beim Lesen und hoffe, mit den folgenden Seiten etwas Hilfreiches für den ambitionierten »Van-Selbstausbauer« geschaffen zu haben.

Teil I

INNENUMBAU

Raus mit der Trennwand!

Eine der ersten Maßnahmen, die ich nach dem Ausbau des beim Kauf noch vorhandenen Werkzeugregals bei meinem Kastenwagen ergriff, war der Ausbau der Trennwand zur Fahrerhauskabine. Ich mochte diesen »Transporterstyle« nicht und wollte einen offenen Raum zum Laderaum haben. Nach Rücksprache mit einem Kollegen vom TÜV war dies kein Problem und würde nicht zum Erlöschen der Lkw-Zulassung führen. Also raus mit der Trennwand! Nur einige M6-Muttern hielten die Trennwand ringsherum an dem dafür vorgesehenen Blechfalz, danach konnte ich das größere Raumgefühl im Innenraum genießen.

1. Blechfalz und Roststellen entfernen

Vorabinfos

Durch das Ansammeln von Feuchtigkeit unter dem Blechfalz (vermutlich durch die unsachgemäße Nutzung des Vorbesitzers) sah ich mich dazu gezwungen, diesen zu entfernen. Gebraucht wurde er ohnehin nicht mehr, da ich nicht vorhatte, die Trennwand wieder einzubauen, und falls doch, könnte diese immer noch an den seitlichen Befestigungen angeschraubt werden.

Die Feuchtigkeit hatte im Laufe der Jahre das Blech zum Rosten gebracht, also beseitigte ich in diesem Zuge diese und weitere kleine Korrosionen im Innenraum.

Arbeitsschritte

Blechfalz vom Unterboden abtrennen, Roststellen beseitigen und behandeln

1. Mittels Winkelschleifer mit Trennscheibe und Karosseriemeißel das dünne Blech vom Fahrzeugboden abtrennen.

2. Sofern vorhanden, Rost mit Winkelschleifer und Fächerscheibe, Drahtbürste/Drahtigel oder Schleifpapier so gut wie möglich entfernen.
3. Die losen Schleifreste entfernen und die Stellen mit einer entfettenden Reinigungslösung wie zum Beispiel Bremsenreiniger säubern.

4. Sollte der Rost nicht komplett zu entfernen sein, Owatrol-Öl auf die korrodierten Stellen auftragen.

> **Info**
>
> Owatrol-Öl verhindert das weitere Ausbreiten von Rost.

5. Wenn das Owatrol-Öl laut Verarbeitungshinweisen getrocknet ist, kann man eine Grundierung (zum Beispiel »Brantho-Korrux nitrofest« oder »3 in 1«) und bei Bedarf eine weitere Lackschicht darüber auftragen.

6. Wenn der Rost komplett beseitigt werden kann, wird der letzte Schritt ohne das vorherige Auftragen von Owatrol durchgeführt.

7. Den Lack ausreichend lange trocknen lassen.

> **Tipp**
>
> Nach diesem Schema können die meisten Roststellen (sofern die Durchrostung nicht zu weit fortgeschritten ist) im und außerhalb des Fahrzeugs behandelt werden.

Tabellenübersicht

Werkzeuge	Arbeitsmaterial	Menge	Preis	Arbeitsschritte	Arbeits-aufwand
Winkelschleifer + Trennscheibe Karosseriemeißel Rohrzange		1x		Blechfalz mittels Werkzeug vom Fahrzeugboden trennen	
Winkelschleifer + Fächerscheibe Drahtbürste/ Drahtigel Schleifpapier Reinigungs-lösung		1x		ggf. Rost vom Fahrzeugboden entfernen anschließend lose Rückstände entfernen und die geschliffenen Stellen mit Reinigungslösung entfetten	
Pinsel	Owatrol-Öl	1x	ca. 10 €	Owatrol-Öl auf nicht zu beseitigenden Rost pinseln	ca. 24 h Trocknungszeit
Pinsel	Grundierung (z. B. Brantho-Korrux nitrofest)		ca. 20 €		je nach Schichtdicke mind. 24 h

2. Seitenfenster nachrüsten

Vorabinfos

Die Nachrüstung der in meinem Fall (originalen) Seitenscheiben ist eine der Arbeiten, die möglichst am Anfang des Camper-Umbaus durchgeführt werden sollten. Da ich zukünftig im Transporter schlafen wollte, entschied ich mich schnell dafür, mehr Licht in den Innenraum zu lassen. Ich baute mir zwei günstige originale Seitenscheiben in den Laderaum: eine in die Schiebetür und die andere auf der gegenüberliegenden Seite.

Statt der von mir verwendeten festen Seitenscheibe kann hier auch eine originale Seitenscheibe mit Schiebefunktion oder ein Campingfenster mit Klappfunktion verwendet werden. Die Arbeitsschritte erfolgen analog zu der nachfolgend beschriebenen Anleitung unter Beachtung der jeweiligen Maße des verwendeten Fensters.

Tipp

Wichtig beim Kauf einer originalen Scheibe ist, auf den jeweiligen Radstand des T5 zu achten, da sich hier die Größe der Scheiben unterscheidet.

Arbeitsschritte

Blech ausschneiden

1. Um die Scheiben einzubauen, muss als Erstes das Blech am ausgewählten Einbauort entfernt werden. Hierfür benutzt man bestenfalls eine Stichsäge.
2. Bei einem Campingfenster fertigt man sich, sofern nicht mitgeliefert, eine Schablone an und zeichnet die Schnittlinie mit einem Edding vor.
3. Um einen Anfang zum Sägen zu haben, bohrt man ein Loch irgendwo auf Höhe der Schnittlinie. Im Fall der Nachrüstung einer originalen Scheibe sägt man entlang des vorhandenen Blechfalzes von innen (siehe die rote Linie im Bild).

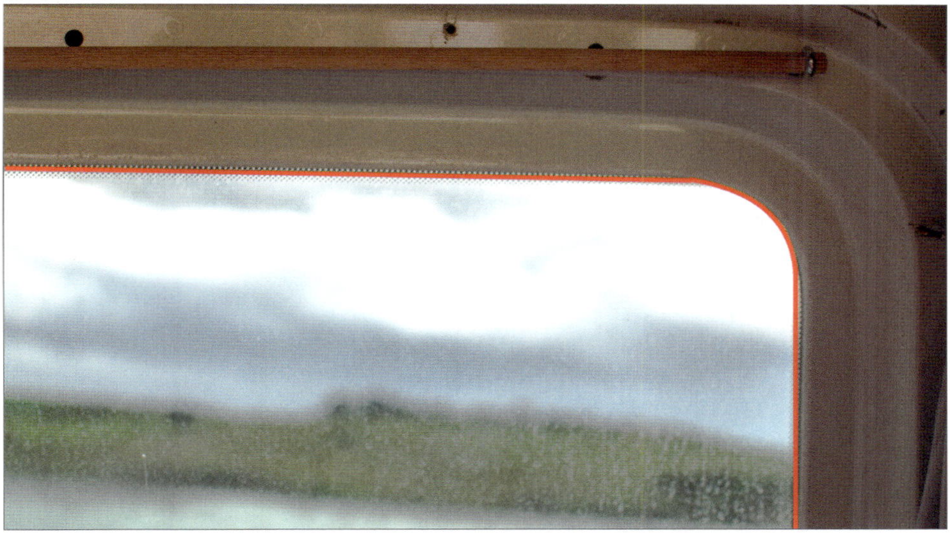

Entlang der roten Linie wird das Blech für die Nachrüstung der originalen Seitenscheibe ausgeschnitten

4. Der Rand, auf den später die Klebenaht kommt, bleibt damit automatisch stehen.
5. Bei der Nachrüstung eines Campingfensters wird mit der Stichsäge von außen entlang der vorher mit dem Edding markierten Schnittlinie gesägt.

> **Tipp**
> Wenn von außen gesägt wird, empfiehlt es sich, vor dem Sägen Kreppband entlang der Schnittkante zu kleben, damit durch das Führen der Stichsäge keine unschönen Kratzer im Fahrzeuglack entstehen.

Tipp
Das Blechteil sollte von einer zweiten Person gehalten und abgenommen werden.

6. Nachdem das Blechteil ausgesägt ist, muss der Grat mit Schleifpapier oder einer Feile entlang der Blechkante entfernt werden.
7. An der entgrateten Blechkante muss nun noch etwas Korrosionsschutz aufgetragen werden. Hierfür trägt man mithilfe eines Pinsels oder Tupfers eine Grundierung auf.
8. Bei Bedarf kann nach entsprechender Trocknungszeit der Grundierung diese noch mit der passenden Wagenfarbe überlackiert werden.
9. Lack trocknen lassen.

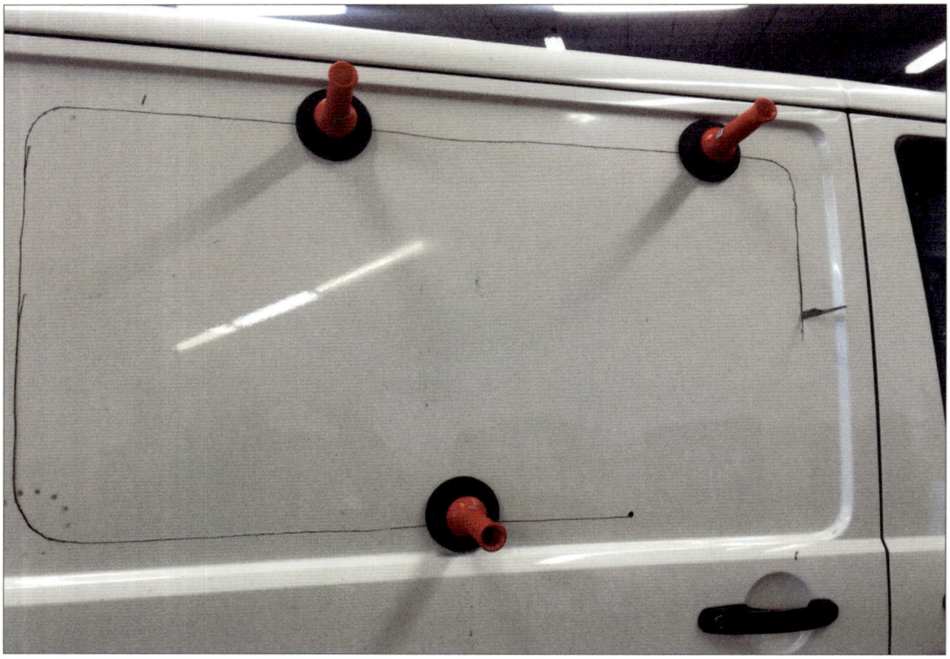

Von innen (da Originalscheibe) wird mit einer Stichsäge das Blech ausgeschnitten

(Original)Scheibe einkleben

1. Klebeflächen auf der Scheibe sowie am Fahrzeug mit entfettender Reinigungslösung (zum Beispiel Bremsenreiniger) säubern.
2. Damit der Scheibenkleber später eine haltbare Verbindung mit dem Fahrzeuglack herstellt, muss nun entlang der Blechkante mit einem Tupfer der Primer aufgetragen werden (siehe Bild unten schwarze Markierung).

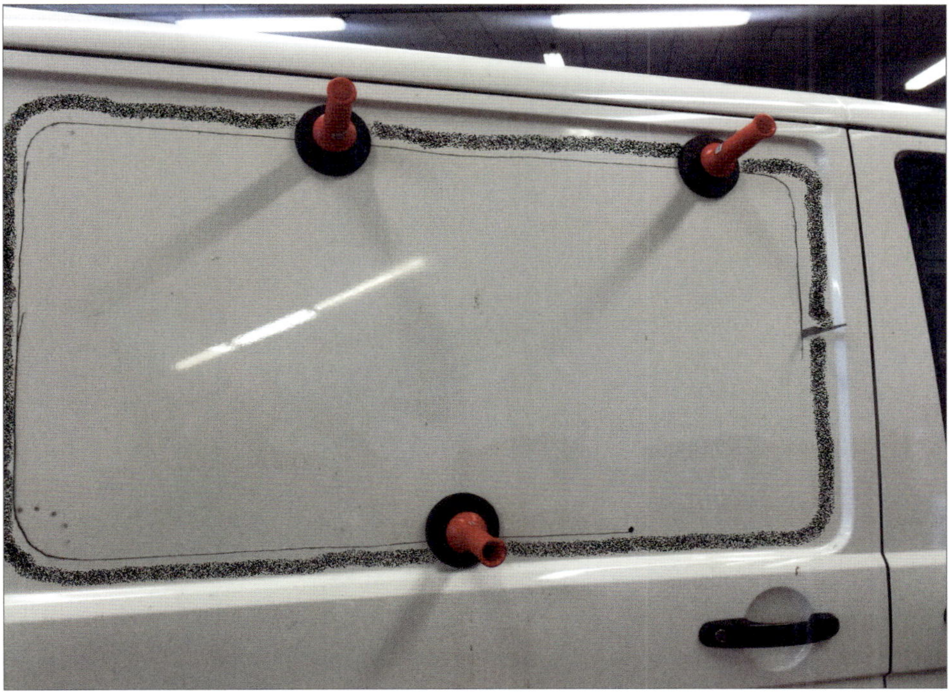

Entlang der schwarzen Markierung muss der Primer und später der Scheibenkleber aufgetragen werden

3. Primer etwa 10 Minuten trocknen lassen.
4. Zwei Saugnäpfe an der Außenseite der Scheibe befestigen. Scheibe mit der Außenseite nach unten auf einen »Bock« legen.
5. Scheibenkleber mit einer Klebepistole gleichmäßig in einer etwa 1 cm starken Raupe entlang der Klebefläche der Scheibe auftragen. Hier dürfen keinerlei Lücken entstehen, an der Stelle, an der sich die beiden Enden treffen, lässt man die Kleberaupen etwas »überlappen«.
6. Mit einer zweiten Person wird nun die Scheibe vorsichtig an der passenden Position am Fahrzeug angebracht. Die exakte Position kann nach leichtem Anheften noch vermittelt werden.
7. Mit kleinen Keilen oder Hölzern, die zwischen Scheibe und Karosserie geklemmt werden, wird die Scheibe dann in Position gehalten. Zusätzlich muss die Scheibe mit Klebeband an der Karosserie fixiert werden.
8. Die Scheibe nun nach korrekter Positionierung noch einmal entlang der Klebefläche andrücken.
9. Scheibenkleber laut Gebrauchsanweisung trocknen lassen.

Campingfenster einbauen

1. Klebeflächen auf dem Fenster sowie am Fahrzeug mit entfettender Reinigungslösung (zum Beispiel Bremsenreiniger) säubern.
2. Dichtmasse entlang der Klebefläche am Fenster mithilfe einer Klebepistole auftragen (eine ca. 1 cm dicke Raupe).
3. Mit Unterstützung einer zweiten Person das Fenster einsetzen.
4. Fenster von innen (je nach Modell) entsprechend fixieren.

Info

Je nach Modell des verbauten Fensters ist es nötig, vorher einen Holzrahmen anzufertigen, um das Fenster gegen die Karosserie zu verschrauben.

Campingfenster mit Ausklappfunktion

Tabellenübersicht

Anmerkung

Die Preise sind ungefähre Richtwerte und können je nach Scheibenmodell und verwendeten Materialien stark variieren.

Die Materialien sind im Internet, im Baumarkt oder beim Fachhändler erhältlich.

Werkzeuge	Arbeits-material	Menge	Preis	Arbeitsschritte	Arbeits-aufwand
	Edding, Schablone	1x	2 €	bei Verbau eines Campingfensters: Schnittkante mithilfe einer Schablone an der Karosserieaußen-seite markieren	ca. 10 Min.
Akkubohrer 6er-Bohrer		1x		Loch oberhalb des Blechfalzes bohren, um den »Anfangspunkt« für die Blechsäge zu schaffen	ca. 5 Min.
Stichsäge		1x		Fensterausschnitt entlang dem Blechfalz oder der Edding-Markierung von innen oder außen aussägen (je nach gewähltem Fenster)	ca. 20 Min.
Schleifpapier/ Feile		1x		Blechkante/Schnitt-kante entgraten	ca. 20 Min.
Pinsel/Tupfer	Versiegelung/ Grundierung ggf. Fahr-zeuglack Primer	1x	ca. 20 € (Internet/ Fach-handel)	Versiegelung/Grun-dierung entlang der Schnittkante auftra-gen (Rostschutz) bei Bedarf Fahr-zeuglack auftragen bei Verbau einer originalen Scheibe Primer entlang der Karosserie auftragen	ca. 10 Min. + Trocknungs-zeit laut Gebrauchs-anweisung ca. 5 Min. + ca. 10 Min. Trocknungs-zeit laut Gebrauchs-anweisung

Werkzeuge	Arbeits-material	Menge	Preis	Arbeitsschritte	Arbeits-aufwand
Auflagebock	Seitenscheibe	1x	ca. 70 € (günstigste Ausführung bei Volks-wagen)	zur Auflage der Scheibe (einfachere Bearbeitung der Scheibe)	ca. 15 Min.
Saugnapf/ Saugheber		2x	ca. 15 € (Internet/ Fachhandel)	zur Montage der Scheibe (zweite Person)	
Klebepistole	Scheiben-kleber		ca. 5 € (Baumarkt/ Fachhandel)	Auftragen der Kleberaupe auf die Scheibe	ca. 15 Min.
Montagekeile Klebeband		mind. 2x 1x		mithilfe einer zweiten Person die Scheibe positionie-ren, ausrichten und fixieren	
Klebepistole	Camping-fenster + Dichtmasse (z. B. Dekaseal)	1x	je nach Größe und Modell	Auftragen der Kleberaupe auf die Klebefläche des Fensters	ca. 20 Min.
				anschließend das Fenster mit einer zweiten Person positionieren und von innen fixieren	5 Min. + Trocknungszeit des Scheiben-klebers (mind. 10 h) Gebrauchs-anweisung beachten

3. Die Dämmung

Geräuschreduzierung

Vorabinfos

Genau wie der Fenstereinbau gehört die Dämmung des Innenraums zu einem der ersten Arbeitsschritte des Fahrzeugumbaus. Durch die kaum vorhandene Dämmung aller Kastenwagen ab Werk muss gerade beim Camper-Ausbau darauf besonderes Augenmerk gelegt werden. So sollen die Fahrgeräusche im Innenraum weitestgehend reduziert werden, vor allem aber die Temperaturisolierung spielt eine entscheidende Rolle.

Für die Geräuschreduzierung entschied ich mich, an alle großen Blechteile sowie auf die blanken Radhäuser Alubutylplatten bzw. Antidröhnmatten zu kleben. Diese sollen die Schwingungen der großen Karosserieteile reduzieren, was einen niedrigeren Geräuschpegel zur Folge hat.

Die Temperaturisolierung basiert auf zwei Schichten: Die erste Lage besteht aus 19 mm selbstklebendem Armaflex, die zweite Schicht bildet 40 mm Mineraldämmwolle.

Arbeitsschritte

1. Bevor die Alubutylplatten geklebt werden können, müssen (sofern vorhanden) die gesamten Innenraumverkleidungen entfernt werden. Die einfache Holzfaserverkleidung der Transporter- oder Kombiausstattungen lässt sich deutlich schneller demontieren als die Formverkleidungen von Caravelle- oder Multivan-Ausstattungen.

2. Je nach Modell wird bei den Holzplatten lediglich ein Schraubendreher oder ein Clipheber (ein Seitenschneider tut es auch) benötigt, mit denen die Schrauben oder Plastikclips einfach zu demontieren sind.
3. Vor dem Bekleben der Blechteile sind diese mit einer Reinigungslösung (zum Beispiel Bremsenreiniger) zu säubern und zu entfetten.

Alubutyl kann man in unterschiedlichen Ausführungen kaufen. Die selbstklebende Variante ist für den Zweck der Fahrzeugdämmung am besten geeignet. Für die Radhäuser nutzte ich Meterware in ca. 2 mm Stärke. Für die geraden Blechflächen kamen vorgefertigte Platten in 2 mm Stärke zum Einsatz. Im Internet kann man Alubutyl in einer großen Vielfalt kaufen.

4. Verarbeiten lassen sich die Platten am besten bei Raumtemperatur, lieber etwas wärmer als zu kalt – das sorgt für ein besseres Verarbeiten und Aufkleben besonders an unebenen Stellen wie den Radhäusern.
5. Die Radhäuser habe ich komplett mit Alubutyl umklebt, die großen Karosserieflächen lediglich mit jeweils einer Alubutylplatte in ca. 40 x 50 cm Größe bestückt.

Tipp

Die großen Karosseriebleche müssen **nicht** komplett mit Alubutyl beklebt werden. Schon das Kleben einer kleinen Alubutylplatte reicht für den gewünschten »Antidröhneffekt« aus.

Vorsicht!

Hat man die Platten einmal auf das Metall geklebt, kann man sie durch die stark haftende Selbstklebefläche nicht mehr oder nur sehr schwer vom Blech entfernen.

Die erste Dämmschicht zur Geräuschreduzierung besteht aus Alubutyl

Tabellenübersicht

Werkzeuge	Arbeits-material	Menge	Preis	Arbeitsschritte	Arbeitsaufwand
Clipheber/Seitenschneider Akkuschrauber/Schraubendreher Bit-Aufsatz		1x		alle Verkleidungsteile, hinter denen gedämmt werden soll, sowie ggf. die vorhandene Bodenplatte ausbauen	ca. 0,5–1 h (je nach Ausstattung und Menge der Verkleidungen)
Lappen	Reinigungslösung	1x	2 €	alle zu beklebenden Blechteile von Schmutz und Fettrückständen befreien	ca. 15 Min.
Cuttermesser	Alubutyl-/Antidröhnmatten	ca. 4 m^2 (Volkswagen T5)	ca. 60 € (Internet oder Fachhandel)	selbstklebende Alubutylplatten ggf. mit Cuttermesser in passende Stücke schneiden Platten an alle großen Karosserieflächen kleben	ca. 1 h (je nach Menge des zu verarbeitenden Alubutyls)

Anmerkung
Die hier angegebenen Mengen entsprechen den von mir verarbeiteten Materialien. Sie hängen aber von den individuellen Vorstellungen sowie vom Fahrzeugmodell ab (langer/kurzer Radstand, Hochdach/Normaldach etc.).

Temperaturisolierung

Vorabinfos

Armaflex ist ein Schaumstoffmaterial, das vorrangig zur Isolierung bzw. Dämmung von Rohrsystemen genutzt wurde, sich mittlerweile aber im Camper-Ausbau immer größerer Beliebtheit erfreut. Der etwas höhere Anschaffungspreis ist dennoch gerechtfertigt, da es den Hauptbestandteil der Wärmedämmung im Fahrzeug ausmacht und hier nur schwer zu ersetzen ist. Auch der Geräuschpegel im Innenraum wird durch das Armaflex zusätzlich noch einmal reduziert. Mineraldämmplatten werden zur Wärmedämmung beim Hausbau eingesetzt, eignen sich aber auch optimal, um den Camper zu isolieren. Das Material ist nicht entflammbar, kann nicht schimmeln, lässt sich gut verarbeiten und ist günstig.

Ein weiteres Material, das zur Temperaturisolierung im Fahrzeugausbau benutzt werden kann, sind XPS- bzw. Styroporplatten. Diese sind druckbeständig und eignen sich daher besonders gut zum Unterfüttern des Holzbodens. Da XPS-Platten nicht biegbar sind, sind sie weniger zur Isolierung der meist runden Seitenflächen im Kastenwagen geeignet.

Voraussetzung bei jeder Temperaturisolierung im Fahrzeug sollte jedoch immer eine regelmäßige, gute Durchlüftung des Innenraums sein.

Arbeitsschritte

1. Das Armaflex je nach Einbauort mit dem Cuttermesser in passende Stücke schneiden.

Dämmen mit Armaflex

2. Das Material besitzt so wie Alubutyl eine stark haftende Klebeseite, die ohne Beschädigung des Schaumstoffs nicht mehr entfernt werden kann. Ich habe den gesamten Laderaum inklusive Holzbodenplatte flächig mit Armaflex beklebt.

Tipp

Das Armaflex **nicht** auf das Bodenblech, sondern auf die Holzbodenplatte kleben!

Eine günstigere Alternative, den Boden zu dämmen, sind XPS-Platten. Sie können einfach mit dem Cuttermesser bearbeitet werden. Der Boden wird anschließend einfach auf die Platten gelegt.

3. Die Holme im Fahrzeuginnenraum sollten im Inneren nicht gedämmt werden, damit sich bildendes Kondenswasser über die vorhandenen Abläufe im Fahrzeugboden ablaufen kann.
4. Die Holme können mit einer dünneren Schicht Armaflex überklebt werden, hierbei muss aber darauf geachtet werden, dass später noch die Verkleidungen montiert werden können.
5. Für den gesamten Laderaum inklusive Boden verbrauchte ich etwa 10 m^2 Armaflex (VW T5).

Die mit Armaflex beklebte Bodenplatte

6. Mit der Mineraldämmwolle in 40 mm Stärke füllte ich die Hohlräume zwischen Armaflex und Innenverkleidungen.
7. Diese ist mit dem Cuttermesser in passende Stücke zu schneiden und kann einfach hinter die vorhandenen Karosseriebleche geklemmt werden.
8. Ich verarbeitete etwa 8 m^2 Mineraldämmwolle. Gekauft habe ich diese als vorgefertigte Stücke im Baumarkt.

Die Hohlräume hinter den Verkleidungen können zusätzlich mit 40 mm starker Mineraldämmwolle gedämmt werden

Tabellenübersicht

Werkzeuge	Arbeits-material	Menge	Preis	Arbeitsschritte	Arbeits-aufwand
Cuttermesser	Armaflex	ca. 10 m² (Volks-wagen T5)	ca. 80–100 € (Internet oder Fach-handel)	Armaflex mit dem Cuttermesser passend beschneiden und an die gewünschten Flächen kleben	ca. 2–3 h
Cuttermesser	Mineral-dämmwolle	ca. 8 m² (Volks-wagen T5)	ca. 15 € (Baumarkt)	Mineraldämmwolle in passende Stücke schneiden und in alle Zwischenräume plat-zieren, an denen später wieder die Verkleidun-gen montiert werden	ca. 0,5–1 h

Anmerkung

Die hier angegebenen Mengen entsprechen den von mir verarbeiteten Materialien. Sie hängen aber von den individuellen Vorstellungen sowie vom Fahrzeugmodell ab (langer/kurzer Radstand, Hochdach/Normaldach etc.).

4. Der Boden und die Abschlusskanten

Vorabinfos

Als Ladeboden hatte ich von Anfang an einen Holzboden aus einer Siebdruckplatte im Fahrzeug. Dieser war durch die Nutzung als Handwerkstransporter etwas heruntergekommen, daher wollte ich diesen optisch ein wenig aufwerten.

Zur Aufwertung des Holzbodens entschied ich mich für einen Vinylbodenbelag in Laminatoptik, den ich mit doppelseitigem Teppichklebeband an einigen Stellen am Holzboden fixierte. Solche Bodenbeläge bekommt man im Baumarkt von der Rolle. Ich kaufte diesen großzügig in 3 m x 2 m für den Laderaum des VW T5 mit kurzem Radstand.

Arbeitsschritte

Integrierte Schlossschrauben für Innenausbau

1. In den Holzboden integrierte ich Schlossschrauben in M10 x 30 mm, die mein Bett und eine Radkastenkonstruktion halten. Dafür ermittelte ich vorher die Punkte, an denen die beiden Konstruktionen später befestigt werden sollten.

Den Boden verschraubte ich an den dafür vorgesehenen Gewinden im Fahrzeugboden – hier mit zusätzlicher »Verzurröse«

2. An den ermittelten Punkten werden Löcher mit einem M10-Holzbohrer gebohrt. Anschließend werden die Schlossschrauben von unten hindurch gesteckt. Zur zusätzlichen Fixierung verklebte ich diese mit 2K-Kleber (Zweikomponentenkleber) in die Siebdruckplatte.

In den Boden integrierte Schlossschrauben, um später die Inneneinrichtung zu fixieren

3. Den Boden verschraubte ich über die ab Werk vorhandenen Gewinde im Bodenblech. Dafür benötigt man M10-Schrauben und passende Unterlegscheiben, an einem dieser Punkte montierte ich zusätzlich eine Zugöse, um zum Beispiel Ladung daran zu verzurren.

Über Winkel kann die Inneneinrichtung an den im Boden fixierten Schlossschrauben befestigt werden

Der Bodenbelag

1. Um ein sauberes Ergebnis zu bekommen, empfiehlt es sich, den Holzboden auszubauen.
2. Mit dem Cuttermesser wird nun einfach entlang der Holzbodenkante der Belag zugeschnitten.

Tipp

Zur Entnahme des Holzbodens ist eine zweite Person hilfreich.

Die Abschlusskanten

1. Die Abschlüsse an den Einstiegen (Schiebetür und Hecktüren) habe ich mit Treppenkantenprofilen ausgestattet. Auch diese bekommt man im Baumarkt in unterschiedlichen Längenmaßen.

2. Mit einer Metallsäge müssen diese in der Länge an das Fahrzeug angepasst werden.
3. Die Kante der Schiebetür muss lediglich auf die korrekte Länge gesägt werden und mittels Holzschrauben an die Bodenplatte geschraubt werden. Wenn schon vorhanden, können die Löcher in den Aluprofilen direkt verwendet werden, andernfalls bohrt man sich an passender Stelle Schraubenlöcher.
4. Etwas schwieriger gestaltet es sich je nach Modell an den Hecktüren bzw. der Heckklappe, da hier die Bodenplatten oft abgerundet verlaufen. Hier muss das Aluprofil angepasst werden. Um die Leiste in Form zu bringen, kann man sie an 1–2 Punkten ansägen und mit der Hand an die Rundung des Bodens anpassen.

Das Profil am Heck muss etwas in Form gebracht werden

Tabellenübersicht

Werkzeuge	Arbeitsmaterial	Menge/ Maße	Preis	Arbeitsschritte	Arbeitsaufwand
Zollstock Hammer Akkuschrauber Bohrer M10	2K-Kleber Schlossschrauben M10 x 30 mm (6 für die Bett-, 2 für die Radkastenkonstruktion)	1x 8x	ca. 15 €	mit einem Zollstock die Befestigungspunkte für die Schlossschrauben ermitteln, Löcher bohren und die Schlossschrauben mit 2K-Kleber einsetzen (ggf. Hammer zum Eintreiben nutzen)	ca. 45 Min.
Cuttermesser	Vinylbodenbelag Teppichklebeband	3 m x 2 m (VW T5 kurzer Radstand)	ca. 30 € (Baumarkt)	Bodenbelag auf Holzboden positionieren und mit dem Cuttermesser an der Kante entlang schneiden Bodenbelag mit Teppichklebeband auf Holzboden fixieren	ca. 30 Min. ca. 15 Min.
Metallsäge Feile Akkuschrauber M6 Bohrer Schraubendreher Bit-Einsatz	Treppenkantenprofil (Schiebetür)	1x 30 mm x 15 mm x 100 cm	ca. 10–15 € (Internet oder Baumarkt)	Alukante mit einer Eisensäge passend einkürzen Grat mit Feile entfernen ggf. Schraubenlöcher bohren Kante mit passenden Holzschrauben an die Bodenplatte schrauben	ca. 20 Min.

Werkzeuge	Arbeits-material	Menge/ Maße	Preis	Arbeitsschritte	Arbeits-aufwand
Metallsäge Feile Akku-schrauber M6 Bohrer Schrauben-dreher Bit-Einsatz	Treppen-kantenprofil (Hecktür/ Heckklappe)	1x 30 mm x 10 mm ca. 120 cm	ca. 10–15 € (Baumarkt oder Inter-net)	Alukante mit einer Eisensäge passend einkürzen Grat mit Feile entfernen Aluleiste durch Ein-sägen in der Mitte der Leiste und ggf. zwei anderen Positionen in abgerundete Form bringen ggf. Schraubenlöcher bohren Kante mit passenden Holzschrauben an die Bodenplatte schrauben	ca. 30–45 Min.

Anmerkung

Die Maße und Längen können sich je nach Fahrzeugmodell unterscheiden und sind vorher genau zu ermitteln.

5. Innenverkleidungen mit Filz bekleben

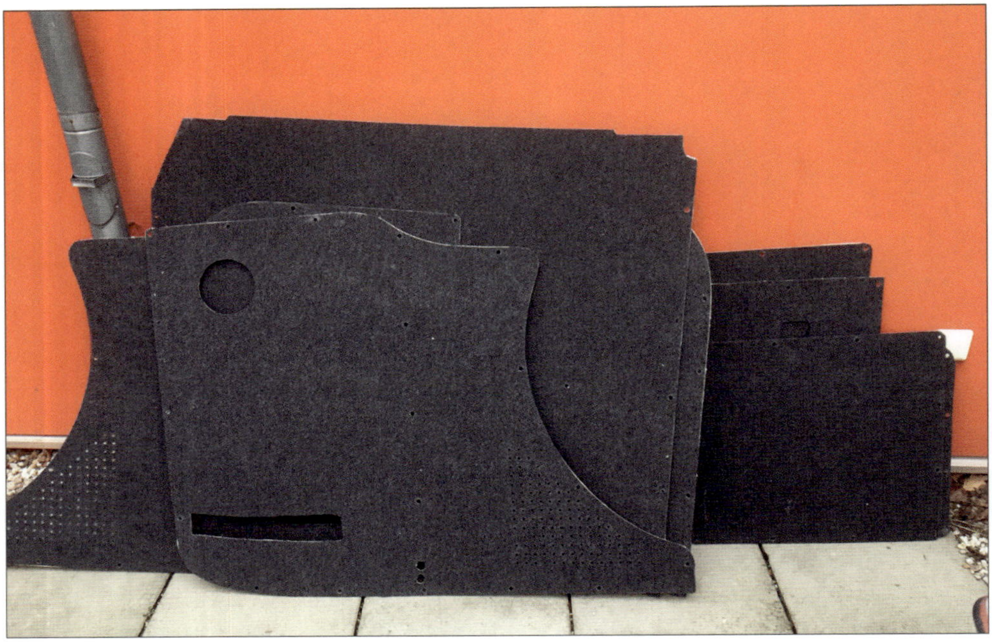

Vorabinfos

Um es in meinem Transporter wohnlicher zu machen, entschied ich mich dafür, die heruntergekommenen Hartfaserverkleidungen mit Filz zu überziehen.

Eine weitere Möglichkeit ist es, dem Innenraum durch Holzpaneele einen rustikalen, natürlichen Look zu verleihen. Durch diese Verkleidungsvariante wird der Innenraum jedoch um einige Zentimeter verkleinert, da die Holzpaneele um einiges dicker sind als die Hartfaserplatten. Außerdem bedeutet das Verkleiden mit Holzleisten mehr Gewicht und damit am Ende eine geringere Zuladung. Da selbst ausgebaute Camper oft an ihre Grenzen hinsichtlich des zulässigen Gesamtgewichts stoßen, versuche ich, beim Ausbau so viel Gewicht wie möglich zu sparen.

Ich errechnete für alle meine zehn Verkleidungsteile eine benötigte Fläche von ca. 8 m^2, etwas großzügiger kaufte ich im Internet 10 m^2 Filz in einer Stärke von 2 mm. Filz ist günstig und gut zu verarbeiten, dennoch sind hier einige Sachen zu beachten.

Zum Verkleben des Filzes auf die Holzverkleidungen kaufte ich Universalkleber im Teppichbereich des Baumarktes. Dieser eignet sich für Teppichböden, aber auch für unterschiedliche Textilmaterialien wie Filz. Mir ist auch das Verkleben mit Sprühkleber bekannt, jedoch habe ich diese Methode noch nicht praktiziert, um hier gewisse Vor- oder Nachteile zu nennen.

Arbeitsschritte

Filz in passende Stücke schneiden

1. Man benötigt eine große ebene Fläche, auf der man bestenfalls die komplette Filzrolle ausrollen kann, um alle Verkleidungsteile passend darauf auszulegen.
2. Anschließend schneidet man grob mit ein paar Zentimetern Überstand den Filz in passende Stücke. Durch die 2 mm dünne Stärke des Filzes ist dieser sehr einfach mit der Schere oder einem Cuttermesser zu schneiden.
3. Sind alle zehn Teile fertig geschnitten, kann es ans Bekleben gehen.

Filz kleben

Tipp

Für die folgenden Arbeitsschritte ist eine zweite Person sehr zu empfehlen!

Info

Je nach Verarbeitungstemperaturen kann der dünn aufgetragene Teppichkleber sehr schnell antrocknen, sodass die Arbeitsschritte zügig durchgeführt werden müssen.

1. Man suche sich eine ebene Fläche in einer angenehmen Arbeitshöhe (bzw. zwei Böcke mit einer Arbeitsplatte oder eine große Werkbank).
2. Dort wird jeweils ein Verkleidungsteil platziert, das man ganzflächig auf der Front mit dem Teppichkleber bestreicht. Hierfür eignet sich ein »Zahnspachtel« hervorragend (siehe Bild). Mit diesem Spachtel ist es möglich, den Kleber in genau der richtigen Dicke gleichmäßig auf das Verkleidungsstück aufzutragen. Trägt man zu viel Kleber an einer Stelle auf, kann es durch den dünnen Filz dazu kommen, dass der Kleber an dieser Stelle beim späteren Andrücken des Filzmaterials durch den Stoff quillt. Das gibt unschöne weiße Stellen, die kaum noch wegzubekommen sind.

Ein solcher Zahnspachtel ist sehr zu empfehlen

3. Ist die Verkleidung gleichmäßig mit Kleber versehen, legt man zu zweit das vorher grob zurechtgeschnittene Filzstück auf.
4. Filz mit den Händen oder einer Bürste an das Verkleidungsteil »andrücken«, sodass keine Falten entstehen.
5. Anschließend wird der Filz mit einer Gummiwalze an die Hartfaserplatte angepresst. Alternativ geht auch eine Tapezierbürste oder ein Tapezierspachtel. Bei diesem Arbeitsschritt sollten vor allem die Ränder gut angedrückt werden.

Solche Gummiwalzen eignen sich, um den Filz an das Verkleidungsteil anzupressen

Alternativ zur Gummiwalze kann man auch eine Tapezierbürste oder einen Tapezierspachtel verwenden

6. Bevor man die überstehenden Filzränder mit dem Cuttermesser entlang der Hartfaserplatte abschneidet, sollte der Kleber für einige Stunden aushärten.

Die fertig beklebten Teile vorsichtig beiseitelegen und trocknen lassen

Info
Die endgültige Trocknungszeit für den Kleber entnimmt man der Gebrauchsanweisung.

Löcher ausstanzen

1. Nachdem nun alle Verkleidungsstücke mit Filz beklebt sind, muss man noch die Löcher für die Befestigungsclips oder Schraubenlöcher ausstanzen sowie die Ausschnitte für die Deckenbeleuchtung und gegebenenfalls andere Zusatzeinbauten ausschneiden.
2. Zum Ausstanzen eignen sich Locheisen im passenden Durchmesser zu den Löchern sehr gut.
3. Die Ausschnitte zum Beispiel für die Deckenbeleuchtung werden mit dem Cuttermesser ausgeschnitten.
4. Nun können die »neuen« Verkleidungen wieder eingebaut werden.

Letzter Arbeitsschritt: Löcher ausstanzen und Ausschnitte schneiden

Die fertig befilzten Verkleidungsteile können nun wieder eingebaut werden

Tabellenübersicht

Werkzeuge	Arbeitsmaterial	Menge	Preis	Arbeitsschritte	Arbeitsaufwand
Akkuschrauber Bit-Einsatz Clipheber/ Seitenschneider		1x		Verkleidungen ausbauen/Clips lösen	ca. 45 Min.
Cuttermesser	2 mm Filzmaterial	10 m^2 (VW T5 kurzer Radstand)	ca. 30 € (Internet)	Filz ausbreiten, Verkleidungen auflegen und diese grob umschneiden	ca. 30 Min.
Zahnspachtel Handbürste Gummiwalze, Tapezierbürste, Tapezierspachtel Cuttermesser	Universal-Teppichkleber	ca. 2 kg (siehe Verpackungsangabe)	ca. 20–30 € (Baumarkt)	mit dem Zahnspachtel, Kleber auf Verkleidung verteilen mit einer zweiten Person das Filzstück auflegen und mit den Händen oder einer Handbürste flächig andrücken danach direkt mit der Walze oder einer Bürste und einem Spachtel den Filz an die Hartfaserplatte anpressen Kleber für ca. 2 h trocknen lassen mit dem Cuttermesser die überstehenden Ränder abschneiden	ca. 1–1,5 h + Trocknungszeit 24 h
Locheisen (ca. 8 mm) Cuttermesser		1x		Löcher mit Locheisen ausstanzen Ausschnitte für Deckenbeleuchtung etc. mit Cuttermesser vornehmen	ca. 45 Min.
Verkleidungen wieder einbauen					ca. 45 Min.

Anmerkung

Die hier angesetzte Zeit kann sich je nach Modell unterscheiden und dient nur als grober Anhaltspunkt.

6. Radkastenbox

Vorabinfos

Die Box, die den Radkasten rechts im Laderaum umschließt, erfüllt folgende Aufgaben:

- Ablage für die Bettplatte in der »normalen Doppelbettversion«
- Staufach – zugänglich durch einen klappbaren Deckel
- Ablage oder Tisch
- Geräuschreduzierung des »Radhauses«

Arbeitsschritte

1. Das klappbare Oberteil besteht aus einer in zwei Hälften geteilten MDF-Platte. Für die Klappfunktion dient ein Klavierband, das an das starre, schmalere MDF-Segment geschraubt ist. Damit eignet sich die Kiste für das Verstauen zum Beispiel von Wagenheber, Verbandskasten, Abschleppseil etc.
2. Die zwei Seitenteile sowie das Vorderteil bestehen ebenfalls aus MDF-Platten. Verbunden sind diese über Holzlatten, die den Rahmen der Kiste darstellen.
3. Die seitlichen MDF-Platten müssen mit Säge und Schleifutensilien an die Rundungen des Fahrzeuginnenraums angepasst werden.

Die Box muss an die Maße des Innenraums angepasst werden, das Anpassen der Rundungen wurde direkt im Fahrzeug vorgenommen

4. Die Holzlatten habe ich für die Optik angestrichen, die MDF-Platten mit passendem Filzteppich beklebt. Auf den Deckel habe ich den gleichen Vinylbodenbelag geklebt, den ich als Bodenbelag genutzt habe.
5. Befestigt wird die Holzkonstruktion über Winkel und Schraubösen an den vorher im Boden integrierten Schlossschrauben. Weiterhin sollte man am oberen Punkt der Konstruktion Winkel befestigen, die über Blechtreibschrauben mit der Karosserie verbunden werden.

Ablage für die Zweimannbettplatte in der niedrigen Version, Staufach oder einfach nur ein kleiner Tisch

Der Bau dieser Radkastenbox dient zur Inspiration oder zum Nachbauen, muss aber an das Fahrzeugmodell angepasst werden. Die Befestigung dieser Konstruktion muss an die vorhandenen fahrzeugindividuellen Möglichkeiten angepasst werden.

Tabellenübersicht

Werkzeuge	Arbeits-material	Menge/ Maße	Preis	Arbeitsschritte	Arbeits-zeit
Cuttermesser	Filz Universal-Teppich-kleber Vinyl-Teppich-boden	ca. 1 m^2 ca. 500 g	ca. 10 € (Internet) ca. 10 € (Baumarkt)	Filz mit »Überstand« an die MDF-Platten kleben nach Trocknungszeit Filzmaterial sauber ab-schneiden Vinylboden auf die beiden oberen MDF-Seg-mente legen und entlang der Kante abschneiden anschließend mit Teppichkleber ankleben	ca. 1 h + Trock-nungszeit
Akku-schrauber/ Schrauben-dreher Leim/Kleber	MDF-Platte (klappba-rer Deckel) MDF-Platte (fester Deckel) Klavier-band Holz-schrauben für Klavier-band	1x 110 cm x 16 cm x 16 mm 1x 110 cm x 10 cm x 16 mm 1x 110 cm x 10 mm	ca. 15 € (Baumarkt)	im Baumarkt zuschneiden lassen Klavierband zwischen die beiden MDF-Segmente schrauben, ggf. zusätzlich verleimen/verkleben	ca. 30 Min. + ggf. Trock-nungszeit für den Kleber
Akku-schrauber/ Schrauben-dreher Bit-Einsatz Leim/Kleber	MDF-Platte (Seiten-teile) MDF-Platte (Vorder-seite) Schrau-ben, um die Platten mitein-ander zu verschrau-ben	2x 38 cm x 20 cm x 16 mm 1x 105 cm x 38 cm x 16 mm	ca. 10 € (Baumarkt)	im Baumarkt zuschneiden lassen Segmente miteinander verschrauben ggf. verleimen/verkleben	ca. 45 Min. + ggf. Trock-nungszeit für den Kleber

Werkzeuge	Arbeits-material	Menge/ Maße	Preis	Arbeitsschritte	Arbeits-zeit
Akku-schrauber/ Schrauben-dreher Bit-Einsatz Leim/Kleber	3x Holz-latten (Verbin-dung der einzelnen MDF-Seg-mente) Schrauben	1x 109 cm x 4,5 cm x 2,5 cm (obere Querlatte) 2x 34 cm x 4,5 cm x 2,5 cm (horizonta-le Seiten-latten)	ca. 5 € (Baumarkt)	Latten zur Verstärkung der MDF-Platten am vorderen MDF-Segment verschrauben und ggf. verleimen	ca. 40 Min.
Akku-schrauber/ Schrauben-dreher Bit-Einsatz	Loch-winkel 4 Holz-schrauben (Befes-tigung Lochwin-kel an Holzlatte) 2x Schraub-ösen	2x 50 mm x 50 mm 2x M10-Innen-gewinde	ca. 5 € (Baumarkt) ca.2 € (Baumarkt)	Die Lochwinkel werden an die beiden horizon-talen Latten geschraubt. Damit wird der Kasten mit den Schlossschrauben im Boden verschraubt.	ca. 10 Min.
Die Box wird im Fahrzeug an die vorhandenen Rundungen zum Beispiel mit einer Rundfeile genau angepasst.					ca. 45 Min.

7. Die Bettkonstruktion

Vorabinfos

Nachdem ich lange Zeit auf meiner Angelliege im Auto genächtigt hatte, entschied ich mich später für eine für mich geeignete Bettkonstruktion.

Ich wollte mehr Komfort haben und ein flexibles System, das zu meinen Nutzungsbedingungen passt. Dabei brauchte ich ein Maximum an Platz, um möglichst viel Stauraum zu bekommen, den ich für einen längeren (Angel-)Trip benötige. Gar nicht so einfach, wenn man das in einem normalen T5 Transporter umsetzen will.

Es sollte eine Bettkonstruktion werden, die im Bedarfsfall über die komplette Breite des Innenraums genutzt werden kann (160 cm), im Normalgebrauch jedoch ein Einzelbett darstellt (80 cm).

Ich entschied mich für eine Variante, die auch mal zügig (in etwa 5 bis 10 Minuten) mithilfe von Schraubösen und im Holzboden eingelassenen Schlossschrauben ausgebaut werden kann.

Als der Entschluss für meine erste lange Reise feststand, musste für diesen Zweck einiges optimiert werden. Die vorher gebaute Konstruktion war nicht dafür gedacht, mehrere Monate mit meinem gesamten Equipment unterwegs zu sein. Für diesen Fall baute ich eine spezielle Unterkonstruktion, um das ganze Bett um ca. 40 cm »aufzustocken« (siehe Reiseversion).

Die Art und Weise des Innenausbaus im Camper ist sehr individuell und muss immer an die eigenen Ansprüche und das Nutzungsverhalten angepasst werden. Daher ist der von mir in diesem Kapitel vorgestellte Betteinbau als Idee für den eigenen Ausbau zu sehen.

Arbeitsschritte

Einmannbett

Das Bett setzt sich aus zwei Teilen zusammen:

- **Das Hauptsegment** besteht aus einem ausziehbaren Kasten mit integrierter Arbeits-/Kochplatte und einem Staufach. Beides ist zugänglich über die klappbare Liegefläche aus einer 15-mm-Siebdruckplatte.
- **Das Kopfteil** besteht aus einer 9 mm starken Siebdruckplatte, die durch einen Holzrahmen stabilisiert wird. Die Beine (zwei Kanthölzer) sind am Boden über Winkel und die vorher im Boden integrierten Schlossschrauben verschraubt.

Verbunden und gesichert werden diese beiden Segmente mittels Schieberiegeln links und rechts.

Die beiden Bettsegmente werden über Schieberiegel miteinander verbunden

Um das Bett optisch etwas schöner zu gestalten, wurde es angestrichen, mit Filz beklebt (gleiches Material wie bei der Innenverkleidung) und mit Alukanten versehen.

Das ist die Standardversion meines Bettes für die normale Nutzung im Alltag. Die Liegefläche hat die Maße 220 x 80 cm. Mit einer Höhe von 40 cm ist das Bett bestens dafür geeignet, auch als Sitzbank genutzt zu werden.

Standardversion des Einmannbettes mit ausziehbarer Kiste und Kochplatte sowie Staufach

Die Doppelbettversion

1. Um das Bett als Doppelbett zu nutzen, wird eine zweite 15 mm starke Siebdruckplatte mit den Maßen 200 x 80 cm auf eine Radkastenkonstruktion gelegt.
2. Die Platte wird durch Holzdübel, die im Bett eingelassen sind, an ihrer Position gehalten. Am vorderen Teil sorgt ein abschraubbares Tischbein für einen sicheren Stand.

»Normale« Zweimannbett-Version

Fixiert wird die Bettplatte über im Bett eingelassene Holzdübel

Reiseversion

Um bei langen Reisen mehr Stauraum unter dem Bett zu erhalten, wurde das Bett um 40 cm angehoben.

Höhergelegte Bettversion für mehr Stauraum unter dem Bett

1. Realisiert wurde das mit einer Unterkonstruktion. Die Liegefläche ist damit bündig mit dem unteren Rand der nachgerüsteten Seitenfenster. Zugunsten des Stauraums wird dabei einiges an Komfort eingebüßt, da man durch die Höhe des Bettes nicht mehr darauf sitzen kann.
2. Das Bett wird über Winkel, passende M8-Schrauben und Muttern mit der Unterkonstruktion verschraubt.
3. Auch in der aufgestockten Version des Bettes wollte ich weiterhin die Möglichkeit haben, das Einmannbett zügig zu einem Doppelbett umzubauen. Dafür brachte ich an den Karosserieseitenteilen Auflagen an, auf welche die extra Bettplatte aufgelegt werden kann.
4. Hierfür nutzte ich M8-Einziehmuttern, die ich an der C- sowie D-Säule (also in der Mitte und ganz hinten im Laderaum) ins Blech einzog.

Über Winkel und passende Schrauben wird das Bett mit der Unterkonstruktion verschraubt. Die Unterkonstruktion wird an den im Boden eingelassenen Schlossschrauben mittels Schraubösen fixiert. Die Schraubösen können gleichzeitig als Zurrpunkte für die Ladungssicherung dienen.

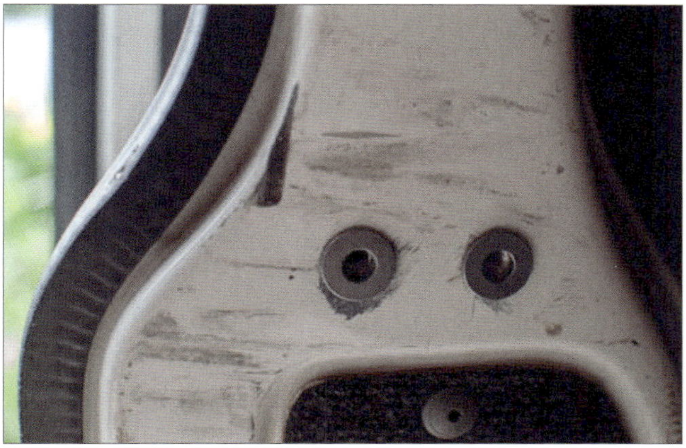

Um auch in der höhergelegten Bettversion die Zweimannbett-Version zu nutzen, befestigte ich Holzklötze, die ich über M8-Schrauben und Einziehmuttern an die C- sowie D-- Säule schraubte.

Auflage an der C-Säule

Auflage an der D-Säule

5. Dafür mussten auf der vorher ermittelten Höhe Löcher ins Blech gebohrt werden, die anschließend entgratet und mit einem Lack etwas gegen Korrosion geschützt werden sollten.
6. In diese Löcher wurden dann mit einer speziellen Nietmutternzange die M8-Gewindeeinsätze eingenietet.
7. An diese Befestigungen montierte ich mit jeweils zwei passenden M8-Schrauben ein kurzes Kantholz als Auflage für die Siebdruckplatte.
8. Ein längeres Standbein am Vorderteil (etwa ein Tischbein oder ein langes Kantholz) sorgte wie bei der niedrigeren Version für einen stabilen Halt der Platte.

Höhergelegte Zweimannbett-Version

Tabellenübersicht

Arbeitsmaterial	Menge/Maße	Preis	Arbeitsschritte
Siebdruckplatte (Hauptsegment)	1x – 120 cm x 80 cm x 15 mm	ca. 40 € (Baumarkt)	Platte im Baumarkt zuschneiden lassen
Siebdruckplatte (vorderes Segment)	1x – 100 cm x 80 cm x 9 mm	ca. 30 € (Baumarkt)	Platte im Baumarkt zuschneiden lassen
Siebdruckplatte (Zweimannversion)	1x – 200 cm x 80 cm	ca. 80 € (Baumarkt)	Platte im Baumarkt zuschneiden lassen
Akkuschrauber Bohrer Schraubendreher Bit-Einsatz	Tischbein oder Kantholz als Stütze für die Doppelbettplatte am oberen Punkt Schraube (für Tischbein)	ca. 10 € (Baumarkt)	mit dem Akkuschrauber ein Loch in die Siebdruckplatte bohren, um den Standfuß an die Siebdruckplatte zu schrauben
Schraubösen (zur Befestigung) Lochwinkel (für das Bett)	6x M10-Innengewinde 6x 50 mm x 50 mm	ca. 10 € (Baumarkt)	Befestigung der Konstruktion an die Bodenplatte
Lochwinkel (für die Unterkonstruktion)	6x 50 mm x 50 mm	ca. 5 € (Baumarkt)	Befestigung der Unterkonstruktion
Schrauben + Muttern (Verbindung Bett/Unterkonstruktion)	6x Schrauben M10 50 mm 6x Muttern M10	ca. 5 € (Baumarkt)	Verbindung zwischen Bett und Unterkonstruktion
Filzmaterial (2 mm Stärke) Universal-Teppichkleber Cuttermesser	5 m^2 ca. 1 kg (siehe Angabe auf Verpackung)	ca. 15 € (Internet) ca. 15 € (Baumarkt)	Filzmaterial mit »Überstand« auf Siebdruckplatte kleben nach Trocknungszeit die Ränder mit dem Cuttermesser abschneiden
Klavierband	1x 120 cm	ca. 5 € (Baumarkt)	Klavierband für die klappbare Liegefläche des Hauptsegments
Schienensystem für Ausziehkasten und Ausziehplatte	2x 45 cm (verstärkte Ausführung) 2x 45 cm (verstärkte Ausführung)	ca. 10 € (Internet oder Baumarkt)	Schienen für die ausziehbare Schublade sowie die ausziehbare Platte im »Bettkasten« befestigen
Schieberiegel/ Verschlussriegel	2x	ca. 5 € (Baumarkt)	Verbindung zwischen Hauptsegment und Vordersegment
diverse Holzmaterialien sowie Schrauben für die Bettkonstruktion		ca. 30 € (Baumarkt)	Hauptbettkonstruktion

Arbeitsmaterial	Menge/Maße	Preis	Arbeitsschritte
Akkuschrauber Bohrer M10 Gewindemuttern Nietmutternzange	4x M8-Einziehmuttern (für höher gelegte Zweimann-konstruktion) 4x M8 x 60 mm	2 € (Internet, Baumarkt oder Fach-handel)	Punkte für die Einzieh-muttern ermitteln Löcher für die Einzieh-muttern in die C- und D-Säule bohren mit der Nietzange die Ein-ziehmuttern in die Löcher setzen Holzklötze für die Auflage der Doppelbettplatte an-schrauben

8. Drehkonsole nachrüsten

Vorabinfos

Nach zweijähriger Nutzung meines VW-Transporters in Kombination mit der vorhandenen Doppelsitzbank habe ich mich nach immer häufigerem Einsatz als Camper- und Reisemobil dazu entschlossen, die Sitzbank gegen einen Einzelsitz zu tauschen. Die Sitzbank wechselte ihren Besitzer und ich bekam dafür einen gut erhaltenen Einzelsitz.

Nun musste nur noch eine Drehkonsole her. Hier entschied ich mich für eine Sportscraft-Drehkonsole, passend für den T5 und T6 für den Fahrer- und Beifahrersitz. Der zusätzliche Platz, den man durch die Drehfunktion erhält, bietet ein völlig neues Raumgefühl.

Arbeitsschritte

Der Wechsel von einer Doppelsitzbank zu einem Einzelsitz (oder umgekehrt) ist ohne Weiteres möglich:

1. Hierfür muss die komplette Konsole ausgebaut werden.
2. Die acht Muttern der Konsole lösen.
3. Zwei Schrauben für das Steuergerät und den Halter für Steckverbindungen lösen und beiseitelegen.
4. Gewindebolzen für die Sitzkonsole an die passende Stelle für die Einzelsitzkonsole ummontieren (vier der acht Gewindebolzen sind jetzt überflüssig).
5. Nun kann die Einzelsitzkonsole montiert und mit vier Muttern befestigt werden.

Von der Doppelsitzbank zum drehbaren Einzelsitz – kein Problem!

6. Den Steuergerätehalter an der Konsole montieren, gegebenenfalls Kabelbinder nutzen. Anschließend gelöste Steckverbindungen wieder verbinden.

Doppelsitzbankkonsole raus, Gewindebolzen entfernen, Einzelsitzkonsole rein

Drehkonsole montieren

1. Die vier Schrauben, die den Sitz auf der Konsole halten, abschrauben.
2. Die Drehkonsole mit den im Lieferumfang enthaltenen Schrauben und Muttern auf die Sitzkonsole schrauben.
3. Einzelsitz auf die Drehkonsole heben und mit den mitgelieferten Schrauben befestigen.

Tipp

Die Nachrüstung einer Drehkonsole sollte vom TÜV abgenommen werden. Ein Prüfbericht für die Drehkonsole befindet sich im Lieferumfang und sollte bei der Eintragung vorgelegt werden.

Die Drehkonsole wird auf die Sitzkonsole montiert. Anschließend wird der Einzelsitz darauf geschraubt

Tabellenübersicht

Werkzeug	Arbeits-material	Menge	Preis	Arbeitsschritte	Arbeits-aufwand
Ratsche 16er Nuss oder Ring-/Maul-schlüssel Bit-Einsatz (Torx) 21er Nuss oder Ring-/Maul-schlüssel		1x		die acht Muttern in der Doppelsitzkonsole lösen zwei Schrauben des Steuergerätehalters lösen Doppelsitzbank ent-nehmen die vier überflüssigen Gewindebolzen der Dop-pelsitzkonsole entfernen	ca. 40 Min.
16er Nuss oder Ring-/Maul-schlüssel Bit-Einsatz (Torx)	Einzelsitz-konsole Kabelbinder	1x 2x	wird bestenfalls zusammen mit dem Einzelsitz erworben	Konsole für den Einzel-sitz mit vier Muttern an die Gewindebolzen schrauben Steuergerätehalter mit zwei Schrauben oder Kabelbindern an der Konsole befestigen	ca. 15 Min.
Vielzahn-Steck-schlüssel M10 Ratsche 13er Nuss oder Ring-/Maul-schlüssel	Einzelsitz (im Internet gebraucht erwerben) Drehkonsole	1x	ca. 180 € (Internet, Fach-handel)	Vordersitz an den vier Befestigungspunkten von der Konsole lösen Drehkonsole auf die Sitzkonsole setzen und mittels mitgelieferter Schrauben befestigen Vordersitz mit den mit-gelieferten Schrauben an die Drehkonsole schrauben	ca. 10 Min.

9. Mittelkonsole/Staufach

Vorabinfos

Gerade bei langen Fahrten vermisste ich häufig eine Armlehne am Fahrersitz. Da eine werkseitig vorhandene Armlehne immer ein Sonderausstattungsmerkmal ist, sind die meisten Kastenwagen ohne dieses Feature ausgestattet. Nicht bei allen (T5-) Sitzgestellen ist die Nachrüstung einer originalen, klappbaren Armlehne möglich. Es musste also eine Lösung her!

Man kann das einfach prüfen, indem man den Sitzbezug an der unteren Kederschiene löst, den Bezug nach oben schiebt und am rechten Rand des Fahrersitz-Lehnengestells nach einem Loch im Polster und dem darunterliegenden Gewinde sucht. Ist dort lediglich ein Loch im Polster, ohne das Gewinde im Lehnengestell zu finden, ist die »einfache« Nachrüstung der Armlehne nicht möglich. Die Nachrüstung kann in diesem Fall nur unter höherem Arbeitsaufwand inklusive Schweißarbeiten etc. umgesetzt werden.

Info

Ab einem bestimmten Baujahr oder einer speziellen Ausstattungsvariante wurden beim VW T5 Sitzgestelle verbaut, die ein Gewinde im Lehnengestell haben, das die Aufnahme einer originalen Armlehne über eine einfache Verschraubung erlaubt.

Da in meinem Fahrzeug dieses Gewinde nicht vorhanden war und mir die Originallösung zu kosten- und zeitintensiv war, entschied ich mich für eine eigene Konstruktion, die günstiger und zudem auch noch praktischer ist.

Aufgrund des neu gewonnenen Platzes zwischen den Vordersitzen durch den nachgerüsteten Einzelsitz entschied ich mich, diesen Platz zu nutzen und eine »Mittelarmlehnenbox« mit reichlich Staukapazität anzufertigen. Bei Bedarf sollte diese unkompliziert demontiert werden, um den Beifahrersitz zu drehen.

Arbeitsschritte

1. Die benötigten MDF-Platten, die den Rand und Boden der Box bilden, wurden im Baumarkt zum passenden Maß zugeschnitten.

Die einzelnen MDF-Segmente lässt man sich im Baumarkt zuschneiden

2. Alle MDF-Platten wurden miteinander verleimt und mittels Schrauben und Nägeln zu einer Box zusammengesetzt.

Die MDF-Platten leimt, nagelt und schraubt man zu einer praktischen Box zusammen

3. Die Nägel wurden für die dünnen Platten benutzt, um hier ein »Aufspalten« der MDF-Platten zu vermeiden. Der Boden wurde mit Holzschrauben verschraubt, da dieser dicker ist als die Seitenteile.

Optional: das herausnehmbare Ablagefach

4. Für den klappbaren Deckel wurde Klavierband am Seitenteil verschraubt und zusätzlich verklebt.

Der Deckel wird mit Klavierband klappbar an der Box montiert

5. Für die Optik habe ich die Box mit demselben Filzmaterial beklebt, das ich für die Innenraumverkleidung genutzt habe. An den vier Kanten der Box wurden Aluleisten angebracht.
6. Da ich die Box auf dem Fahrersitz abstelle, um den Beifahrersitz zu drehen, wurden hier zur besseren Handhabung an jeder Seite zwei Klappgriffe angebracht.
7. Befestigt wird die Box mit einem Lochwinkel, den ich mit einer M10-Schraube an einem der Gewinde angebracht habe, das vorher für die Doppelsitzkonsole gedacht war.

Der Lochwinkel wird über ein Gewinde zur Montage einer Doppelsitzkonsole angeschraubt

8. Ein zusätzlich eingearbeitetes Langloch im Lochblech, in dem die Box mit einer Klemmmutter fixiert wird, dient zur schnelleren Montage und Demontage der Kiste. Die passende Schraube dafür habe ich durch die Box gesteckt und zusätzlich mit 2K-Kleber verklebt.

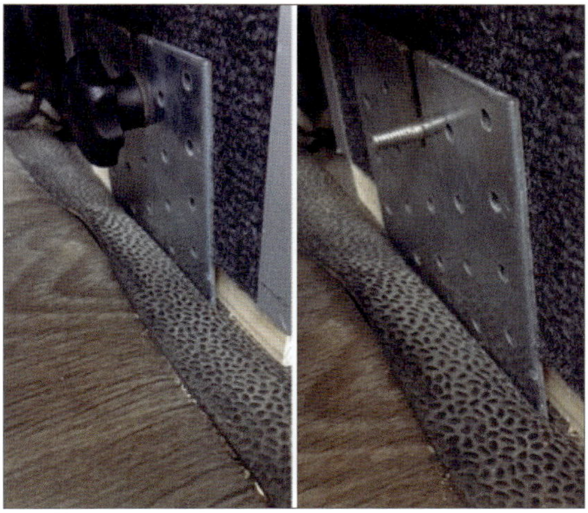

Die Befestigung der Box wird über eine Klemmmutter realisiert

Optional:

9. Um die Box noch praktischer zu gestalten, wurde hier ein entnehmbarer flacher Holzeinsatz in die Kiste gesetzt, um ein zusätzliches Ablagefach zu erhalten.
10. Gehalten wird das Fach mit 1 cm starken Leisten, die in der Kiste angebracht sind, um den ca. 8 cm hohen Einsatz zu halten.

Zwei Griffe dienen zur schnelleren Montage und Demontage der Box

Tabellenübersicht

Werkzeug	Arbeitsmaterial	Menge/ Maße	Preis	Arbeitsschritte	Arbeitsaufwand
Hammer Schraubendreher/Akkuschrauber Bit-Einsatz	MDF-Platten (Seitensegmente, klein) MDF-Platten (Seitensegmente, groß) MDF-Platte (Bodensegment)	2x 56 cm x 17 cm x 12 mm 2x 56 cm x 50,4 cm x 8 mm 1x 48 cm x 17 cm x 18 mm	ca. 10 € (Baumarkt)	Seitensegmente verleimen und mit Tapezierstiften/ Nägeln verbinden Bodenplatte verleimen und mit Holzschrauben verschrauben	ca. 45 Min. + Trocknungszeit für den Leim

Werkzeug	Arbeits-material	Menge/ Maße	Preis	Arbeitsschritte	Arbeits-aufwand
Schrauben-dreher	Siebdruck-platte (Deckel) Klavierband	1x 51,5 cm x 25 cm x 19 mm 1x 50,4 cm	ca. 10 € (Baumarkt) ca. 3 € (Internet oder Baumarkt)	Deckel an großes Seitensegment mit Klavierband und kleinen Schrauben verschrauben und zusätzlich verkleben	ca. 20 Min. + Trocknungs-zeit des Klebers
Cuttermesser	Filz	1x	ca. 10 €	Filz mit Überstand in passende Stücke schneiden	ca. 10 Min.
Zahnspachtel Bürste/Walze/ Tapezier-spachtel	Universal-Teppich-kleber	ca. 500 g (siehe Verpackungs-angabe)	ca. 10 € (Baumarkt)	Platten gleichmäßig mit Kleber bestreichen Filz auflegen und anpressen »Überstand« bündig abschneiden	ca. 30 Min. + Trocknungs-zeit des Klebers (Verpa-ckungs-angabe)
Schrauben-dreher Bit-Einsatz Eisensäge	Alukanten	4x 56 cm x 15 mm x 15 mm 1x 1x	ca. 10 € (Baumarkt)	Alukanten in passende Länge sägen und an die Kanten der Box mittels kleiner Schrauben verschrauben	ca. 30 Min.
Eisensäge Feile Bohrmaschine/Akku-schrauber + M10-Bohrer Ratsche Bit-Einsatz	Lochblech Schraube M10	1x 10 cm x 10 cm 1x Schraube M10 x 30 mm	ca. 5 € (Baumarkt)	Langloch für die Kistenbefestigung in das Lochblech einarbeiten M10-Loch in Lochblech bohren und an vorhandenes Sitzkonsolengewinde im Fahrzeugboden schrauben	ca. 20 Min.
Akku-schrauber + M6-Bohrer 2K-Kleber	Klemm-mutter M6 Schraube M6	1x M6 (Innen-gewinde) 1x M6 x 60 mm	ca. 5 € (Baumarkt)	Loch an passender Stelle in die Kiste bohren Schraube von innen nach außen durch die Kiste stecken und zusätzlich mit 2K-Kleber verkleben	ca. 10 Min. + Trocknungs-zeit des Klebers

10. Elektrik – Trennrelais für Zweitbatterie

Vorabinfos

In einem Camper braucht man Strom, so viel steht fest. Ob für die Innenbeleuchtung, zum Laden von Laptop und Handy oder um eine Kühlbox oder eine Standheizung zu betreiben. Für all diesen Stromverbrauch benötigt man eine Zweitbatterie als Energiespeicher.

Diese Zusatzbatterie sollte anders als die Starterbatterie für eine konstante Entladung geeignet sein. Für welchen Batterietyp man sich entscheidet, ist unter anderem eine Kostenfrage. AGM-, Gel- oder LiFePO4-Akkus sind für den Einsatz im Camper bestens geeignet.

Um eine Zweitbatterie während der Fahrt wieder aufzuladen, dient ein Trennrelais oder ein Ladebooster. Beide Bauteile haben denselben Zweck: Sie sollen die Batterie laden. Ein Ladebooster macht dies intelligenter und sorgt für die exakt benötigte Stromstärke der Zweitbatterie. Bei Fahrzeugen mit einer Euro-6-Abgasnorm kommt man kaum noch um einen Ladebooster herum. Die Lichtmaschine in solchen Fahrzeugen würde eine nachgerüstete Zusatzbatterie nicht vollladen.

In meinem T5 baute ich eine Trennrelais-Schaltung mit einer 80-Ah-AGM-Batterie unter den Fahrersitz. An dieser Position sitzt (wenn verbaut) ab Werk die Zweitbatterie beim T4, T5 und T6. Das Trennrelais besorgte ich mir günstig im Internet. Bei der Verkabelung hielt ich mich an den Originalschaltplan.

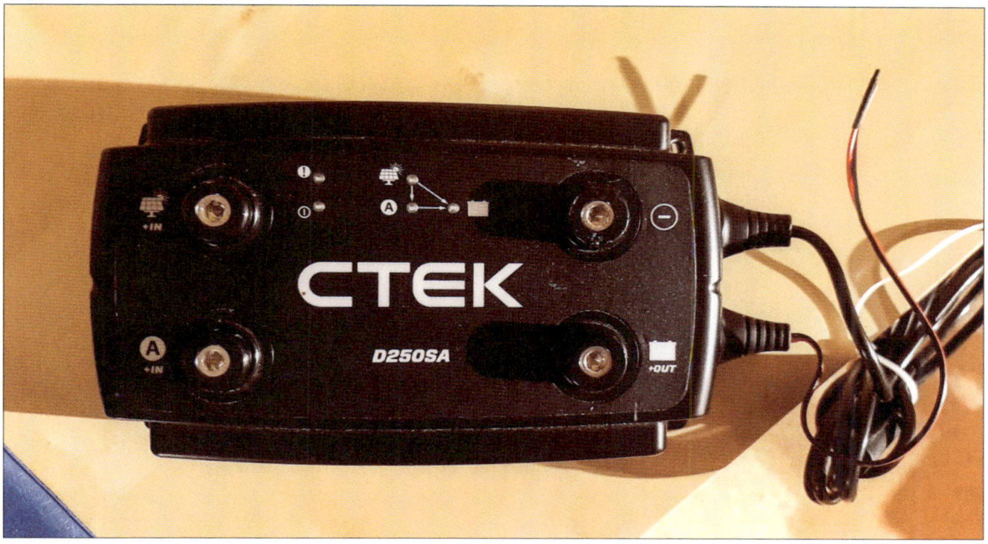

Gerade bei Euro-6-Fahrzeugen kommt man kaum um einen Ladebooster herum

Arbeitsschritte

Trennrelais einbauen

1. Zuerst wird der Fahrersitz inklusive Sitzkonsole ausgebaut, um »Baufreiheit« zu schaffen. Hierfür muss man einige Steckverbindungen in der Sitzkonsole lösen sowie den Handbremshebel von der Konsole schrauben.
2. Anschließend muss man die schwarze Verkleidung oberhalb der »Pedalerie« ausbauen, um das Pluskabel von der Starterbatterie in den Innenraum zu verlegen.

> **Tipp**
> Trennrelais gibt es im Internet als Bausatz inklusive Kabel, Kabelösen und Sicherung zu kaufen.

3. Dann nimmt man ein ca. 20 mm^2 dickes Kabel (meist im Lieferumfang enthalten). An diesem Kabel befestigt man eine Kabelöse. Diese wiederum befestigt man am Pluspol der Starterbatterie im Motorraum.
4. In dieses Kabel setzt man einen Sicherungshalter für eine Flachsicherung mit ca. 100 Ampere (im Lieferumfang enthalten).

Info

Die Sicherung montiert man erst am Ende der Arbeiten!

5. Die montierte Plusleitung führt man durch die Gummitülle/Kabeldurchführung links im Motorraum in den Fahrerfußraum.

Tipp

Zum besseren Durchfädeln des Kabels eignet sich ein starrer Draht oder ein dünnes Kunststoffröhrchen.

6. Im Innenraum legt man das Kabel entlang des vorhandenen Kabelbaums durch den Kabeltunnel in der Mitte des Fußraums bis zum Kabelaustritt unter dem Fahrersitz.
7. Dort wird das Kabel nun mit einer passenden Kabelöse am Trennrelaisplatz 30 angeschraubt.
8. Der Anschluss 87 am Relais führt mit einem Kabel in derselben Stärke (ca. 20 mm^2) zum Pluspol der Zweitbatterie.
9. Je nach Bauteil (Relais oder Ladebooster) kann es nötig sein, ein D+ Signal von der Lichtmaschine an den Steckplatz 85 zu verlegen. Dieses Signal steuert das Relais/den Ladebooster an, sobald der Motor bzw. die Lichtmaschine läuft.
10. Das D+ Kabel wird entweder direkt an den D+ Ausgang der Lichtmaschine angeschlossen, oder man sucht sich diese (blaue) Leitung in der Bordnetzelektronik im Fahrerfußraum (blaues Kabel). Vorteil dabei ist, dass man das D+ Kabel nicht bis zur Lichtmaschine verlegen muss, sondern lediglich bis in den Fahrerfußraum.
11. Um das richtige Kabel zu finden, benötigt man ein Multimeter. Damit misst man an dem vermuteten blauen Kabel im Fahrerfußraum: An diesem Kabel müssen bei eingeschaltetem Motor ca. 13,8 V bis 14,2 V Lichtmaschinenspannung messbar sein, ist der Motor aus, misst man dort 0 V.
12. Hat man das richtige Kabel gefunden, kann man nun die blaue Leitung (aus dem Lieferumfang) – vom Relaisanschluss 85 kommend – mit einem Quetschverbinder oder einem »Stromdieb« mit dieser Leitung verbinden.
13. Vom Relaisanschluss 86 führt man eine dünnere (ca. 10 mm^2) schwarze Leitung (im Lieferumfang) zum Massepunkt in der Nähe des Kabelaustritts unter dem Fahrersitz. Dort kann man das Kabel mit einer Kabelöse verschrauben.
14. An selbigen Massepunkt verschraubt man ein dickes, schwarzes Kabel (ca. 20 mm^2), den man mit dem Minuspol der Zweitbatterie verbindet.

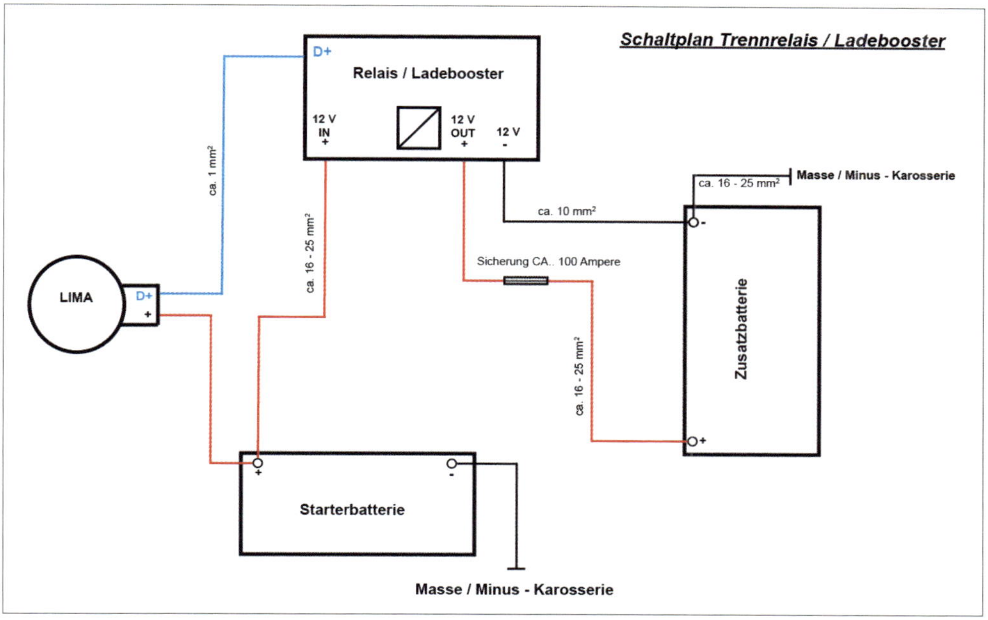

Schaltplan Trennrelais/Ladebooster

Sicherungshalter einbauen und Kabel für Verbraucher verlegen

1. Um nun Verbraucher an die Zweitbatterie anzuschließen, muss man einen Sicherungshalter an den Pluspol der Zweitbatterie schließen. Diese Leitung sollte möglichst kurz gewählt werden und ca. 16 mm^2 stark sein.
2. Von diesem Sicherungshalter ausgehend, verlegt man nun die Kabel für Verbraucher wie zum Beispiel Beleuchtung, Steckdosen etc. über die vorhandenen Holme nach hinten in den Laderaum. Bestenfalls orientiert man sich dabei am vorhandenen Kabelbaum.

Info

Sicherungshalter gibt es als Set inklusive Sicherungen und Kabelösen im Internetz zu kaufen.

Zu den Kabeln in unterschiedlichen Querschnitten empfiehlt es sich, ein Set bestehend aus unterschiedlichen Kabelanschlüssen, Quetschverbindern und einer Kabelquetsch- und Isolierzange zu kaufen.

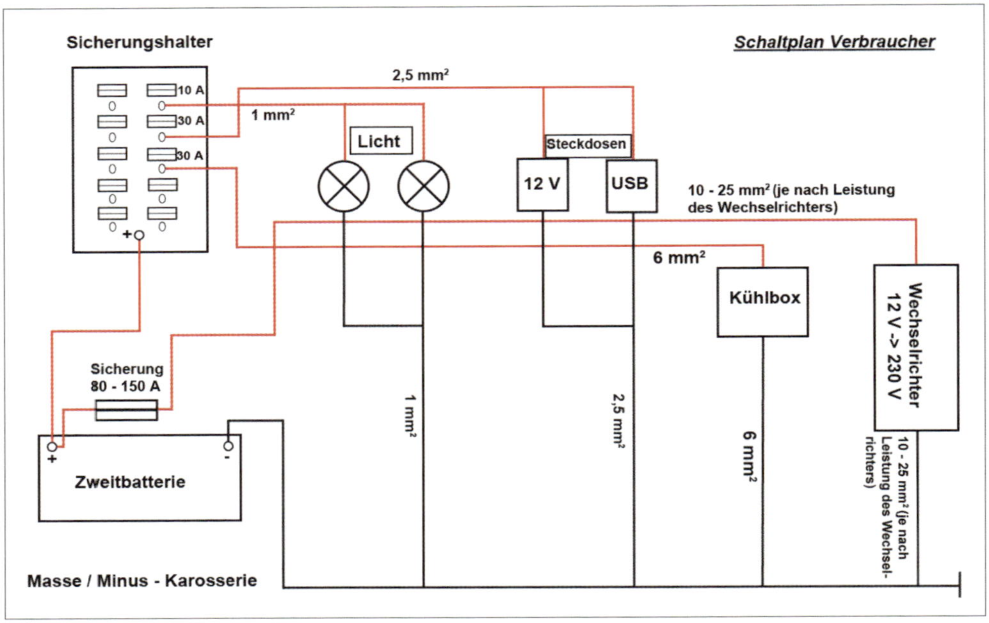

Schaltplan Sicherungshalter/Verkabelung der Verbraucher

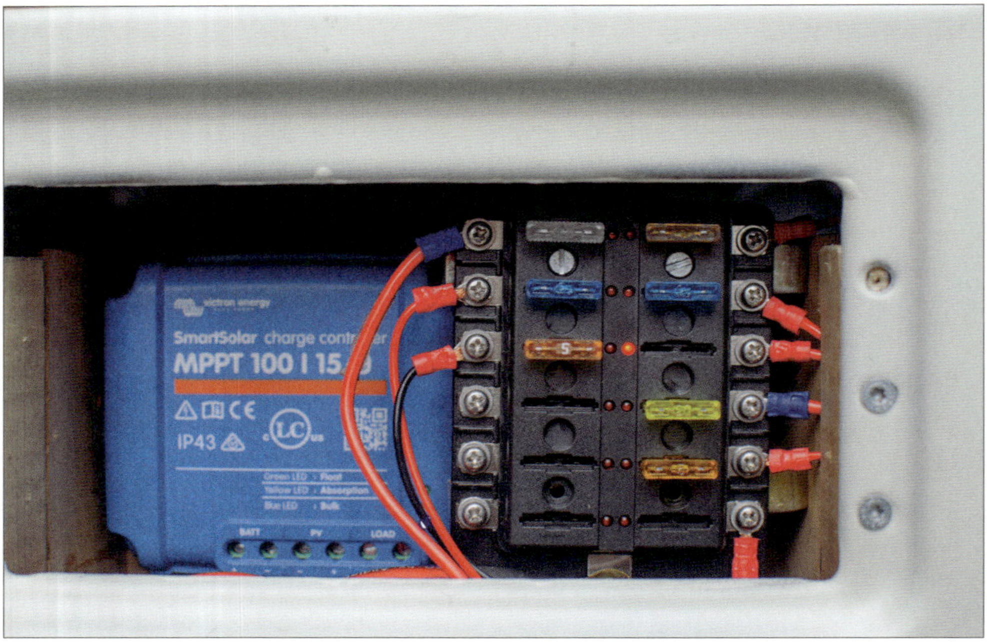

Vom Sicherungshalter führt man die Leitungen zu den jeweiligen Verbrauchern

3. Der Leitungsquerschnitt und die Sicherung des jeweiligen Kabels müssen immer an das zu verkabelnde Bauteil angepasst werden. Es gibt diverse »Leitungsquerschnittrechner« im Internet, die einem die Wahl erleichtern.

Tipp

Für LED-Beleuchtung ist 1 mm^2 ausreichend. Für Steckdosen reichen in den meisten Fällen 2,5 mm^2. Verbraucher wie Kühlbox oder Wechselrichter sollten immer einzeln und je nach Leistung entsprechend dicker verkabelt werden.

4. Das Minus für die jeweiligen Verbraucher kann entweder von vorhandenen Massepunkten in der Nähe des jeweiligen Einbauortes der Verbraucher abgenommen werden oder vom Minuspol der Zweitbatterie direkt kommen.
5. Den Leitungsquerschnitt des Minuskabels wählt man analog zum Pluskabel des verkabelten Bauteils.

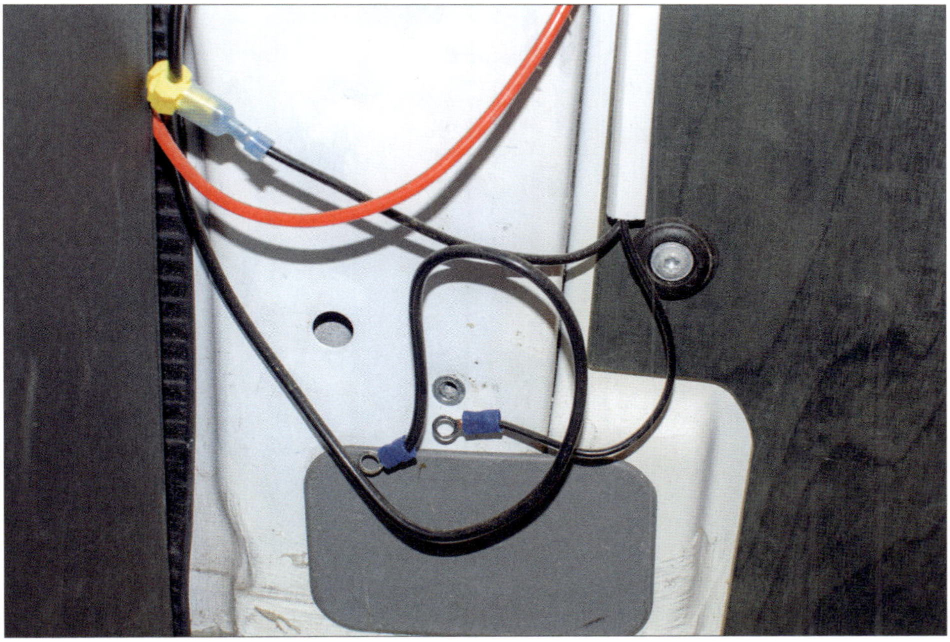

Die Minusleitungen schließt man entweder an vorhandene Massepunkte an oder legt ein Kabel direkt von der Batterie zum Verbraucher

Tabellenübersicht

Werkzeuge	Arbeitsmaterial	Menge	Preis	Arbeitsschritte	Arbeitsaufwand
Ratsche 16er Nuss 10er Außenvielzahn 13er Nuss/ 13er Ring-/ Maulschlüssel		1x		Fahrersitz und Sitzkonsole ausbauen Handbremshebel von Sitzkonsole lösen	ca. 30 Min.
Akkuschrauber/ Schraubendreher Bit-Einsatz (20er Torx)		1x		Verkleidung unter dem Armaturenbrett im Fahrerfußraum ausbauen	ca. 15 Min.
Cuttermesser, Isolierzange/ Kabelschuhzange Ratsche 10er Nuss/ Ring-/Maulschlüssel ggf. starrer Draht zur besseren Kabeldurchführung	Sicherungshalter + 100 Ampere Blattsicherung Plusleitung (ca. 20 mm^2 im Trennrelais-Set enthalten) Kabelbinder/ Isolierband Trennrelais/ Ladebooster	1x	ca. 50 € (Set) (Internet oder Fachhandel)	rote Leitung abisolieren, passende Kabelöse anquetschen und diese an den Pluspol der Starterbatterie montieren Sicherungshalter an die Leitung montieren (Sicherung erst am Ende der Arbeiten einsetzen) Plusleitung an Originalkabelbaum fixieren und an diesem entlang die Leitung durch die Gummitülle in den Fahrerfußraum verlegen Leitung im Innenraum entlang des vorhandenen Kabelbaums durch den Mitteltunnel bis zum Kabelaustritt unter dem Fahrersitz verlegen und befestigen Isolierung am Kabelende entfernen und Kabelöse anquetschen, dann Kabelöse am Relaisanschluss 30 anschrauben	ca. 90 Min.

Werkzeuge	Arbeitsmaterial	Menge	Preis	Arbeitsschritte	Arbeitsaufwand
Kabelschuhzange 10er Ring-/Maulschlüssel Cuttermesser Multimeter	12 V Trennrelais-Set	1x	ca. 50 €	alle Leitungen vom Trennrelais ausgehend gemäß der oben beschriebenen Anleitung verlegen und anschließen ggf. D+ Signal mit Multimeter suchen	ca. 45 Min.
Isolierzange/Kabelschuhzange	Sicherungshalter inkl. Kabelschuhen und Sicherungen	1x	ca. 20 €	Sicherungshalter in der Nähe der Zweitbatterie montieren ca. 16 mm² Plusleitung für den Sicherungshalter mit passender Kabelöse versehen und am Pluspol der Zweitbatterie befestigen	ca. 20 Min.
Isolierzange/Kabelschuhzange	Verbraucher (z. B. Steckdosen, Beleuchtung etc.) Sicherungen Kabelschuhe/Ösen Plusleitungen Minusleitungen			Plusleitungen mit Kabelösen verquetschen und am Sicherungshalter anschrauben Leitungen durch die Holme zu den Verbrauchern führen (ggf. entlang des Original-Kabelbaums) (Sicherungsstärke und Leitungsquerschnitt muss an die Verbraucher angepasst werden) Minuskabel mit passenden Kabelschuhen/Ösen bestücken und vom Massepunkt der Zweitbatterie oder an vorhandenen Massepunkten der Karosserie anschließen und zu den Verbrauchern verlegen	ca. 120 Min. (je nach Menge der verbauten Verbraucher)

Teil II

AUSSENUMBAU

11. Dachgepäckträger-Umbau

Vorabinfos

Um mehr Platz im Innenraum zu haben, stand für mich fest, dass ich so viel Material wie möglich auf dem Dach unterbringen muss. Gerade für Materialien, die man nicht so häufig nutzt, während einer Reise aber dennoch dabeihaben sollte, ist der Stauraum auf dem Dach eine tolle Sache.

Ich besorgte mir einen gebrauchten Dachgepäckträger, da diese deutlich mehr Kapazität bieten als herkömmliche Dachquerträger. Bei dem von mir umgebauten Dachgepäckträger handelt es sich um einen Malco-Werbedachträger, der kürzer ist als das eigentliche T5-Modell. Durch die kürzere Bauform konnte ich noch ein Solarmodul auf dem vorderen Teil des Daches verbauen.

Den Dachgepäckträger baute ich mittels Holzlatten zu einer begehbaren Dachterrasse um, auf die man problemlos eine Dachbox, Alukisten oder Utensilien montieren kann.

Arbeitsschritte

Schleifen und lackieren

1. Zuerst wollte ich die glänzenden verzinkten Stahlrohre schwarz lackieren.
2. Nicht so einfach, auf diesem Metall überhaupt eine haltbare Lackschicht aufzutragen, dennoch wollte ich es versuchen.

Zuerst müssen die Rohre des Dachgepäckträgers gründlich angeschliffen und anschließend gereinigt werden

3. Ich schliff alle Rohre grob mit 80er Schleifpapier an. Durch die vielen Ecken der Verstrebungen war diese Arbeit die langwierigste.
4. Nachdem alle Schleifreste und anderer Schmutz mit einer Reinigungslösung entfernt waren, ging es ans Lackieren.
5. Zur Grundierung trug ich zuerst zwei Schichten Zinkspray mit einer Trockenpause von ca. 10–15 Minuten auf. Nach einer ausreichend langen Trockenphase beider Schichten von etwa 30 Minuten (Anwendungshinweise auf der Verpackung beachten) ging es weiter.

Danach werden mehrere Schichten Grundierung und Lackspray aufgetragen

6. Anschließend sprühte ich drei Schichten Rallye-Spray schwarz matt über die Grundierung. Auch diese ließ ich ausreichend lange trocknen.
7. Die Trockenphase hängt stark von der Außentemperatur ab und muss dementsprechend beachtet werden.
8. Das Lackieren mit Nitrolacken auf Untergründen wie Zink oder Aluminium wirkt nur bedingt stoß- und kratzfest. Für solche Ansprüche eignet sich eine Pulverbeschichtung besser.

Auch die Füße (insgesamt sechs) des Trägers wurden mit lackiert

Dachterrassenboden

Nachdem der Träger samt Füßen lackiert war, konnte es an den »Terrassenboden« gehen. Ich wollte die Terrassendielen quer auf dem Dachträger anordnen, da diese so besser in den Träger integrierbar sind und sich einfacher fixieren lassen.

1. Ich vermaß den Träger und errechnete, wie viele Holzlatten ich benötigen würde. Ich kaufte im Baumarkt geriffelte Terrassenlatten in 95 mm Breite und 300 cm Länge mit einer Stärke von ca. 20 mm.
2. Aus diesen Latten sägte ich mir 14 Teile in dem benötigten Breitenmaß des Dachträgers (ca. 130 cm).
3. Nach dem Zuschnitt bekamen die Latten eine Lasur, um sie vor der Witterung zu schützen. Die Holzlasur in »Nussbraun« trug ich in zwei Durchgängen auf und ließ diese 24 Stunden trocknen.

Die Latten wurden mit einer nussbraunen Holzlasur gegen die Witterung geschützt

4. Die 14 Latten habe ich in einem Abstand von ca. 1,5 cm angeordnet und mit drei Längslatten von unten gegeneinander mit den Rohren des Dachträgers verschraubt.
5. Hierfür benutzte ich M6-Schlossschrauben in 50 mm Länge, selbstsichernde Muttern und große Unterlegscheiben. Davon benötigte ich jeweils etwa 50 Stück.

Info

Das genaue Ausrichten und Positionieren der Füße des Dachträgers wird durch die Lattenkonstruktion etwas erschwert und lässt sich nur zu zweit durchführen.

Nach entsprechender Trocknungszeit der Lasur wurden die Latten mit dem Dachträger verschraubt

Tabellenübersicht

Werkzeuge	Arbeits-material	Menge	Preis	Arbeitsschritte	Arbeits-aufwand
	Schleif-papier	1x	ca. 5 €	Dachgepäckträger sowie Dachgepäckt-rägerfüße anschleifen	ca. 2 h
	Reinigungs-lösung	1x	ca. 5 €	Dachgepäckträger sowie Dachgepäck-trägerfüße reinigen und fettfrei machen	ca. 10 Min.
	Zinkspray/ Grundie-rung	2 Spray-dosen	ca. 10 € (Internet, Fachhan-del oder Baumarkt)	2 Schichten Zinkspray mit ausreichender Trockenphase auftra-gen (variiert je nach Außentemperatur)	ca. 1 h
	Rallye-Spray schwarz matt	2 Spray-dosen	ca. 10 € (Internet, Fachhan-del oder Baumarkt)	2–3 Schichten Lack mit ausreichender Trockenphase auftra-gen (variiert je nach Außentemperatur)	ca. 1 h
Holzsäge	Holzlatten für den Außenbe-reich, z. B. Terrassen-bretter	7x: 300 cm x 9,5 cm x 20 mm (variiert je nach Größe des Dach-trägers) 3x: 180 cm x 4 cm x 20 mm (variiert je nach Länge des Dach-trägers)	ca. 25 € (Baumarkt)	Holzlatten in passendes Maß sägen	ca. 40 Min.
Pinsel	Holzlasur	1x 750 ml	ca. 12 € (Baumarkt)	Holzlatten in zwei Durchgängen mit Lasur bestreichen (Trocken-phase variiert je nach Außentemperatur)	ca. 1 h + Trocken-phase

Werkzeuge	Arbeitsmaterial	Menge	Preis	Arbeitsschritte	Arbeitsaufwand
Schraubzwingen Akkuschrauber + Bohrer Schraubendreher/Steckschlüssel/Ratsche	fertig bearbeitete Holzlatten Schlossschrauben M6	50x M6 x 50 mm	ca. 10 € (Baumarkt)	Holzlatten auf dem Dachträger positionieren mit Schraubzwingen die Quer- sowie Längslatten miteinander fixieren in jede Querlatte 3 Löcher auf Höhe der Längslatten bohren Schlossschrauben von oben durch die Latten stecken und von unten mit Unterlegscheibe und Mutter fixieren (Positionen der Dachträgerfüße beachten)	ca. 1 h
zweite Person	fertig beplankter Dachgepäckträger			Dachgepäckträger mit zweiter Person auf das Autodach setzen Fußposition ggf. anpassen Trägerfüße am Dach montieren	ca. 30 Min.

12. Dachleiter

Vorabinfos

Um den Dachgepäckträger zu begehen, werden meist fest verbaute Leitern am Heck des Fahrzeugs montiert. Der Preis und die Art der Montage hielten mich jedoch davon ab, diese Variante nachzurüsten.

Ich entschied mich also dafür, eine normale Aluleiter an die Seite meines Dachgepäckträgers zu montieren. Einfach an- und abnehmbar über Schrauben und Flügelmuttern.

Arbeitsschritte

Bei der Leiter handelt es sich um eine einfache Anlegeleiter mit zehn Sprossen, einer Länge von ca. 2,5 m und einer Breite von 35 cm. Mit dieser Breite war sie wie dafür gemacht, an der Seite des Dachträgers montiert zu werden. Um die Leiter passend zum Dachgepäckträger zu gestalten, lackierte ich diese schwarz.

Eine einfache Alu-Anlegeleiter wird zur Dachleiter umgebaut

Lackieren

1. Leiter mit einer Eisensäge auf das gewünschte Maß und passend zum Dachgepäckträger kürzen. Das bei mir passende Maß betrug 230 cm, und damit blieben acht Sprossen übrig.
2. Leiter zum Beispiel mit Sandpapier anschleifen, anschließend gründlich mit einer Reinigungslösung reinigen und entfetten.

Tipp

Da die Leiter durch das Hoch- und Runtersteigen mechanisch stärker beansprucht wird, habe ich mich für das Lackieren mit Unterbodenspray entschieden. Unterbodenspray oder Lack ist deutlich dicker als Nitrolack aus der Spraydose und bildet eine Art Ummantelung.

3. Unterbodenspray bzw. Lack in zwei bis drei Schichten auftragen. Diese Schicht habe ich ausreichend lange durchtrocknen lassen (ca. 24 Stunden, jeweils Gebrauchsanweisung beachten).
4. Anschließend habe ich die Leiter noch einmal mit schwarzem Rallye-Spray für ein schöneres »Finish« überlackiert.

Lackiert mit Unterbodenspray und Rallye-Lack

Befestigung

1. An den Dachträgerstreben mittig ein M8er-Loch bohren, durch dieses wird eine M8-Edelstahlschraube mit zwei Unterlegscheiben und einer passenden Edelstahlmutter montiert. Ein paar Tropfen Schraubensicherung auf das Schraubengewinde sorgen für zusätzlichen Halt der Mutter.
2. An den beiden Leitersprossen, an denen die gerade montierten Schrauben durchgeführt werden, müssen M8-Löcher an passender Stelle gebohrt werden.
3. Leiter auf die beiden Gewindeaufnahmen stecken und mit einer Gummischeibe und jeweils einer Klemmmutter sichern.
4. Am oberen Ende der Leiter befestigte ich mittels Popnieten zwei »Haken«, um die Leiter in den Dachträger einzuhängen.

Die Befestigung am Dachgepäckträger mittels Schraube und Klemmmutter

Info

Die Leiter sichere ich während der Fahrt mit einem Schloss am Dachträger, um die Verkehrssicherheit zu gewährleisten.

Über Haken einfach am Dachgepäckträger anlegbar

Tabellenübersicht

Werkzeuge	Arbeitsmaterial	Menge	Preis	Arbeitsschritte	Arbeitsaufwand
Eisensäge Feile	Aluleiter	ca. 250 cm x 35 cm	ca. 40 € (Baumarkt/ Internet/ Fachhandel)	ggf. Leiter auf passendes Maß sägen und den Grat abfeilen	ca. 15 Min.
Schleifpapier Reinigungslösung	60er Schleifpapier	1x	ca. 2 € (Baumarkt/ Fachhandel)	Leiter anschleifen und anschließend mit Reinigungslösung die Schleifreste entfernen und entfetten	ca. 1 h
Pinsel/Spraydose	Unterbodenlack/ Spray Rallye-Spray	1x 1 l 1–2 Spraydosen	ca. 10 € (Baumarkt/ Fachhandel) ca. 5 €	Leiter mit 2 Schichten Unterbodenlack einpinseln oder sprühen anschließend 2 Schichten Rallye-Spray auftragen	ca. 30 Min. + Trockenphase (24 h) ca. 15 Min. + Trockenphase
Akkubohrer/ Bohrmaschine Bohrer M8 Schraubensicherung	Edelstahlschrauben Edelstahlmutter Unterlegscheibe	2x M8 x 60 mm 2x M8 4x M8	ca. 4 € (Baumarkt)	in die Mitte der äußeren Streben des Dachträgers ein Loch bohren Schrauben von innen nach außen mit den Unterlegscheiben und Muttern sowie zusätzlicher Schraubensicherung anschrauben und fixieren an den passenden Sprossen der Leiter ein Loch bohren	ca. 20 Min.
	Distanzhülsen Klemmmutter	2x M8 x 1 cm 2x M8	ca. 2 € (Baumarkt) ca. 5 €	Distanzhülsen auf die Schrauben stecken Leiter auf die Schraubenaufnahmen stecken und mit Klemmmuttern und Gummiunterlegscheiben sichern	ca. 5 Min.

Werkzeuge	Arbeits-material	Menge	Preis	Arbeitsschritte	Arbeits-aufwand
Popniet-zange Akkubohrer Bohrer M5	Popnieten Rundhaken	4x 2x	ca. 5 € (Baumarkt)	Rundhaken am oberen Ende der Leiter mittels Pop-nieten befestigen	ca. 5 Min.
Leiter während der Fahrt mit Schloss sichern.					

13. Solardusche

Vorabinfos

Beim Reisen im Camper braucht man Wasser. Um nicht unnötig viele Kanister, die ohnehin einiges an Platz im Laderaum benötigen, mit sich herumzufahren, entschied ich mich für eine Lösung außerhalb des Fahrzeugs.

Dafür nahm ich mir ein KG-Rohr (Kanalgrundrohr) und eine Handvoll anderer Materialien, aus denen ich mir einen Außenwassertank mit Solarduschfunktion fertigte. Das Rohr befestigte ich auf der noch unbenutzten Seite des Dachgepäckträgers.

Arbeitsschritte

Die Materialien

Ich entschied mich für orangefarbene KG-Rohre, da diese im Gegensatz zu den grauen HT-Rohren (Hochtemperaturrohr) deutlich stabiler und robuster sind.

Die Komponenten: 1 Rohr, 1 T-Stück mit Gewindedeckel, 2 Abdeckkappen, 1 Winkelstück 30°, 1 Wasserhahn, 1 Hahn als Druckregelventil, Kleber, Schleifpapier, schwarzes Lackspray

Die meisten Komponenten für den Bau eines Duschrohrs bekommt man im örtlichen Baumarkt. Nur zwei Teile musste ich gesondert im Internet bestellen, da diese nicht im Sortiment des heimischen Baumarktes verfügbar waren:

- die Endkappe für das KG-Rohr und
- das T-Stück mit Drehverschluss, um den Wassertank später einfacher zu befüllen.

Komponenten zusammenbauen

Als Erstes wird die Abdeckkappe sowie der Befülldeckel mit dem Wasserhahn und einem Druckregelventil versehen. Zum einen läuft das Wasser sonst nicht gleichmäßig aus dem Wasserhahn, und zum anderen muss der Druck, der sich durch die Sonne im Rohr bildet, entweichen können.

1. Dafür bohrt man mit einem passenden Lochsägeeinsatz ein Loch von etwa 35 mm – passend für den Gewindeeinsatz, in den später der Wasserhahn eingeschraubt wird.
2. In den Deckel des Ventils bohrte ich zusätzlich zwei Löcher, damit ich das Ventil geöffnet lassen kann und sich so der Druck über die Löcher abbaut.

Ein solches Ventil wird einmal für den Wasserhahn und einmal zur Druckregelung benötigt.

Zwei Löcher im Deckel sorgen für einen Druckausgleich bei geöffnetem Ventil

Info

Das Loch in der Abdeckkappe, in die der Wasserhahn gebaut wird, sollte so nah wie möglich am Rand der Kappe gebohrt werden.

Da sich in dem Wasserrohr ein ordentlicher Druck aufbauen kann, verklebte ich zur Sicherheit alle Komponenten mit 1K-Kleber (Einkomponentenkleber).

3. Trotz vorhandenen Dichtrings verklebte ich beide Gewinde für den Wasserhahn bzw. das Ventil mit 1K-Kleber.
4. Die Außengewinde der beiden Wasserhähne/Ventile umwickelte ich mit Teflonband.
5. Anschließend alle Rohrsteckverbindungen anrauen und reinigen. Auf die entfetteten Verbindungen trägt man trotz integrierten Dichtrings speziellen PVC-Rohrkleber oder 1K-Kleber auf.
6. Nun steckt man alle Komponenten in einer Flucht zusammen.

Den Kleber je nach Gebrauchsanweisung ausreichend trocknen lassen.

Der Wasserhahn sollte für ein optimales Ausfließen des Wassers am äußersten Rand des Deckels angebracht werden

Das Gewinde für die Aufnahme der beiden Hähne/Ventile habe ich zusätzlich in die Deckel geklebt

Lackieren

1. Nachdem alle Bauteile zusammengesetzt sind, muss das Rohr schwarz lackiert werden, um einen guten »Solareffekt« zu haben. Dafür raute ich alle Rohrkomponenten mit 80er Schleifpapier an und reinigte diese danach mit einer Reinigungslösung.
2. Anschließend trug ich **dünn** das Unterbodenspray auf. Hier sollte man wirklich darauf achten, dass man mehrere Schichten sehr sparsam aufträgt, da es beim Unterbodenspray schnell zu unschönen dicken und schlecht trocknenden Stellen kommt.

Ich habe drei Lagen Unterbodenspray und am Ende noch einmal zwei Lagen Rallye-Spray aufgetragen, um das Rohr haltbar zu lackieren.

Sind alle Komponenten zusammengesetzt, kann die Dusche schwarz lackiert werden

Dachbefestigung

Für die Dachbefestigung gibt es keine »Allzwecklösung«, da es immer von den vorhandenen Möglichkeiten des jeweiligen Fahrzeugs abhängt. Weil ich schon einen Dachgepäckträger mit drei Füßen auf dem Fahrzeugdach montiert hatte, habe ich das Rohr auch an diesen drei Fixpunkten befestigt. Dafür entschied ich mich, Dachrinnenhalterungen mit dem passenden Durchmesser (110 mm) zu nutzen.

1. Ich entfernte die originalen Schlossschrauben meiner Dachträgerfüße und ersetzte diese durch M10-Gewindestücke, die ich mir auf 45 mm Länge sägte und in die Dachrinnenhalter schraubte.

2. Die vorhandenen M8-Löcher der Dachgepäckträgerfüße, in denen vorher die Schlossschrauben steckten, musste ich noch etwas aufbohren.
3. Die Dachrinnenhalter mit den montierten Gewindestücken können nun durch die Löcher gesteckt werden und mit einer Unterlegscheibe und einer selbstsichernden Mutter an den Dachgepäckträgerfüßen festgeschraubt und ausgerichtet werden.

Tipp

Beim Kauf der Schraubkomponenten sollten Edelstahlteile gewählt werden, da diese dauerhaft der Witterung ausgesetzt sind und nicht rosten.

4. Das Wasserrohr in die drei montierten Halter legen und mit den Schellen sichern.

Info

Die nötige etwas abfallende Neigung des Rohrs zum besseren Auslaufen des Wassers habe ich durch leichtes Zurechtbiegen der Dachrinnenhalter erzielt.

5. Um das Rohr als Solardusche nutzen zu können, entschied ich mich für einen normalen Duschschlauch in 1,5 m Länge und eine kleine handliche Brause.

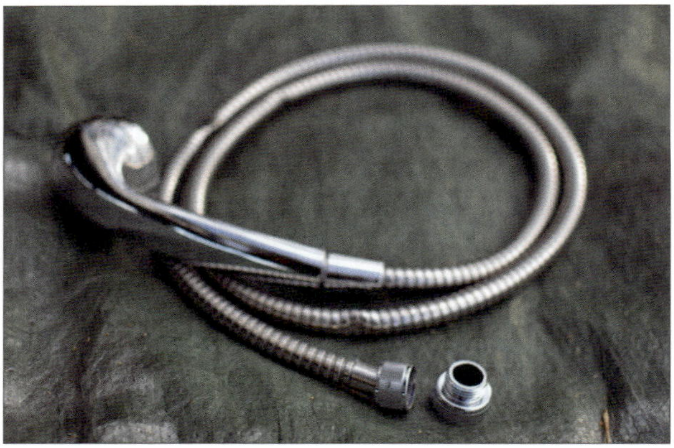

6. Um einen Duschschlauch an den verwendeten Wasserhahn schrauben zu können, ist ein Gewindeadapter von 3/4" auf 1/2" nötig, der einfach an den Duschschlauch geschraubt wird.

Tipp

Je kürzer der Duschschlauch ist, umso besser läuft das Wasser, da der Schlauch möglichst ohne Bogen verlaufen und gehalten werden sollte.

Die Dachrinnenhalter für die Aufnahme der Dusche am Dachgepäckträger befestigte ich mit Gewindebolzen an den Füßen des Dachgepäckträgers

Tabellenübersicht

Werkzeuge	Arbeitsmaterial	Menge	Preis	Arbeitsschritte	Arbeitsaufwand
80er Schleifpapier	Unterbodenspray	2x	ca. 15 €	alle PVC-Komponenten anrauen, reinigen und mit 2–3 dünnen Schichten besprühen	ca. 1h + Trocknungszeit
	Rallye-Spray matt schwarz	2x	ca. 10 €	auf die trockene Unterbodenlackschicht 2 Schichten Rallye-Spray aufsprühen	ca. 30 Min. + Trocknungszeit
(35 mm) Lochsäge	KG-Abdeckkappe DN 110	1x	ca. 3 €	mit Lochsäge ein Loch in den Befülldeckel sowie in den »Wasserauslaufdeckel« bohren	ca. 10 Min.
1K-Kleber oder PVC-Kleber	KG-T-Stück mit Gewinde DN 110	1x	ca. 10 € (Fachhandel/ Internet/Baumarkt)	Gewindestücke einsetzen und zusätzlich verkleben	ca. 15 Min. + Trocknungszeit
1x Teflonband	Wasserhahn/ Ventil	2x	ca. 20 € (Fachhandel/ Baumarkt)	Gewinde mit Teflonband umwickeln und in die eingeklebten Gewindeeinsätze schrauben	ca. 15 Min.
80er Schleifpapier Reinigungslösung 1K-Kleber/ PVC-Kleber	2 m KG-Rohr DN 110	1x	ca. 10 € (Baumarkt/ Fachhandel)	Verbindungsstellen anrauen, reinigen und verkleben	ca. 10 Min. + Trocknungszeit
80er Schleifpapier Reinigungslösung 1K Kleber/ PVC-Kleber	KG-Rohrwinkel 30° DN 110 KG-Rohr Endkappe DN 110 KG-T-Stück mit Gewinde DN 110	1x 1x 1x	ca. 3 € ca. 3 € ca. 10 € (Baumarkt/ Fachhandel)	Verbindungsstellen anrauen, reinigen und verkleben Kappe innen anrauen, Kleber auftragen und auf das (angeraute) T-Stück kleben	ca. 20 Min.

Werkzeuge	Arbeitsmaterial	Menge	Preis	Arbeitsschritte	Arbeitsaufwand
	1–1,5 m Duschschlauch Gewindeadapter	1x 1x	ca. 5 € ca. 2 €	Gewindeadapter in den Duschschlauch einschrauben (Fachhandel/Baumarkt)	ca. 2 Min.
	Duschbrause	1x	ca. 10 €	Duschbrause in den Duschschlauch einschrauben (Fachhandel/Baumarkt)	ca. 2 Min.

14. Solarpaneel

Vorabinfos

Als ich während einer Reise für längere Zeit im Süden war, wurde die Zweitbatterie durch meine Kompressorkühlbox sowie einige andere Verbraucher ordentlich belastet.

Da mein Auto dabei häufig für mehrere Tage unbewegt an einem Platz stand, wurde die Zweitbatterie nicht durch die Lichtmaschine geladen und die 80-Ampere-Batterie war nach drei Tagen komplett entladen.

Die Lösung: Es musste ein Solarmodul aufs Dach, das die Zusatzbatterie konstant mit Strom versorgen sollte.

Arbeitsschritte

Die Komponenten

Für meine Zwecke sollte als Anfang ein 100-Watt-Modul ausreichen.

- Ich entschied mich für eine Solarplatte mit 72 Zellen. Durch die doppelte Anzahl an Zellen laufen diese Paneele mit einer höheren Spannung (ca. 40 V statt 20 V) und schöpfen somit mehr Leistung aus der nicht idealen Position auf dem Fahrzeugdach. Auch im Schatten führt dieses Modul nicht so schnell zu Ladeabbrüchen und gewährleistet im Gegensatz zu den 36-Zellen-Modulen immer noch eine Energiegewinnung.

Ich entschied mich für ein 100-Watt-Modul mit 72 Zellen mit einer höheren Leerlaufspannung von ca. 40 V.

- Voraussetzung für diese Solarplatten ist ein MPPT-Laderegler, der mit der höheren Eingangsspannung des Solarmoduls zurechtkommt und diese optimal umwandelt, um die maximale Leistung an die Zweitbatterie zu liefern.
- In Kombination mit dem 100-Watt-Solarmodul versorgt ein Laderegler von Victron (SmartSolar MPPT 75/10) meine Batterie mit Strom. Dieser Regler ist mit einem Smartphone und einer speziellen App steuerbar, liefert Aufschluss über den Ertrag und bietet individuelle Einstellungsmöglichkeiten für unterschiedliche Batterietypen.

- Die 75 des Reglers steht für die maximale Spannung, die vom Solarmodul verarbeitet werden kann (75 Volt).
- Die 10 des Reglers steht für den maximalen Ladestrom, den dieser Regler erzeugen kann (10 Ampere).

Dachmontage

Aufgrund der gewölbten Fläche auf dem vorderen Dachbereich meines T5 musste das Paneel geklebt werden. Mit Sikaflex-Kleber werden auch größere Module auf Wohnmobilen verklebt. Daher vertraute ich dieser Variante. Zur Aufnahme des Solarmoduls entschied ich mich gegen die häufig genutzten klobigen Spoilerprofile. Stattdessen kaufte ich mir Aluwinkel aus dem Baumarkt.

Info

Für die Dachmontage kann unter Umständen eine zweite Person nötig sein.

1. Aluleisten auf das Seitenmaß des Solarpaneels ablängen und mit drei Edelstahlschrauben an den Außenrahmen des Paneels schrauben.
2. Mit einer zweiten Person das Paneel inklusive Halter auf das Dach heben, um die genaue Position zu bestimmen.
3. Position zum Beispiel mit Teppichklebeband markieren, um später unschöne Klebereste auf dem Dach zu vermeiden.
4. Vor dem Verkleben ist es wichtig, alle Klebeflächen anzurauen, gründlich zu reinigen und gegebenenfalls mit Aktivator vorzubehandeln (Verarbeitungshinweise auf der Verpackung beachten).
5. Mit der Klebepistole das Sikaflex großzügig entlang des Tapes auftragen.
6. Das Solarpaneel mit den Alufüßen mit einer zweiten Person auf den Kleber setzen und leicht andrücken, gegebenenfalls ausmitteln. Den herausquellenden Kleber anschließend mit einem kleinen Spachtel oder dem Finger und einem Gummihandschuh sauber verteilen.
7. Kleber je nach Außentemperatur mindestens 24 Stunden aushärten lassen.

> **Tipp**
> Die richtigen Klebekomponenten gibt es schon als fertiges Set für die Solarmodul-Nachrüstung im Internet zu kaufen.

Das Solarmodul mit den Aluhaltern auf das Dach setzen und die richtige Position bestimmen

Die Position des Paneels wird mit Klebeband markiert und anschließend auf den Kleber gesetzt. Danach entfernt man das Klebeband und zieht den Kleber mit einem Spachtel oder einem Gummihandschuh nach

Kabeldurchführung/Dachdurchführung

Bei einer festen Solarnachrüstung auf dem Dach kommt man nur schwer an einer Dachdurchführung vorbei.

Mit einer extra Kabeldurchführung ist dies jedoch kein Problem. Mit einer Lochkreissäge wird ein möglichst kleines Loch an der gewünschten »Durchführposition« gebohrt. Durch dieses Loch werden dann die Kabel des Solarmoduls geführt, und anschließend wird die Kabeldurchführung darüber geklebt.

1. Position der Kabeldurchführung bestimmen und mit Lochsäge ein Loch von ca. 25 mm bohren. Kante von Span befreien und mit Grundierung oder Lack gegen Rost schützen.
2. Dachdurchführung auflegen und Position wie in der vorherigen Anleitung zur »Dachmontage« mit Klebeband markieren, anrauen und reinigen.

3. Leitungen des Solarpaneels durch die Dachdurchführung und das Loch im Dach stecken.
4. Sikaflex-Kleber auf die vorbereitete Klebefläche auf dem Dach auftragen, die Dachdurchführung auf den Kleber setzen und vorsichtig andrücken.
5. Kleber mindestens 24 Stunden aushärten lassen.

Die Kabeldurchführung wird über das gebohrte Loch im Dach geklebt

Verkabelung

An die vorhandenen Leitungen des Solarpaneels müssen nun noch Kabel angeknüpft werden, die zum Laderegler führen. Hierfür sollte man passende Leitungen für Solarsysteme in ca. 8 mm² nutzen (je nach Leistung der Solaranlage). Das Plus- und Minuskabel vom Solarmodul wird dann an den Eingang des Solarladereglers angeschlossen.

1. Leitungen mit den vom Dach kommenden Kabeln des Solarpaneels über passende Quetschverbinder (gelb) verbinden.

2. Je nach Position des Ladereglers im Fahrzeug die Kabel auf die gewünschte Länge bringen und die Leitungen »scheuerfrei« im Innenraum verlegen.
3. Isolierung der Plus- und Minuskabel entfernen und im Ladereglereingang (PV) verschrauben.
4. Die Leitungen vom Regler zur Batterie kommen in den Batterie-Anschluss.
5. Diese Leitungen (8 mm²) werden dann über Kabelösen am Plus- und Minuspol der Zweitbatterie verschraubt.
6. Der »Load«-Anschluss ist eine Zusatzlademöglichkeit, hier kann zum Beispiel die Starterbatterie angeschlossen werden. Wann dieser Ausgang eingeschaltet wird, kann in der Victron-App eingestellt und gesteuert werden.

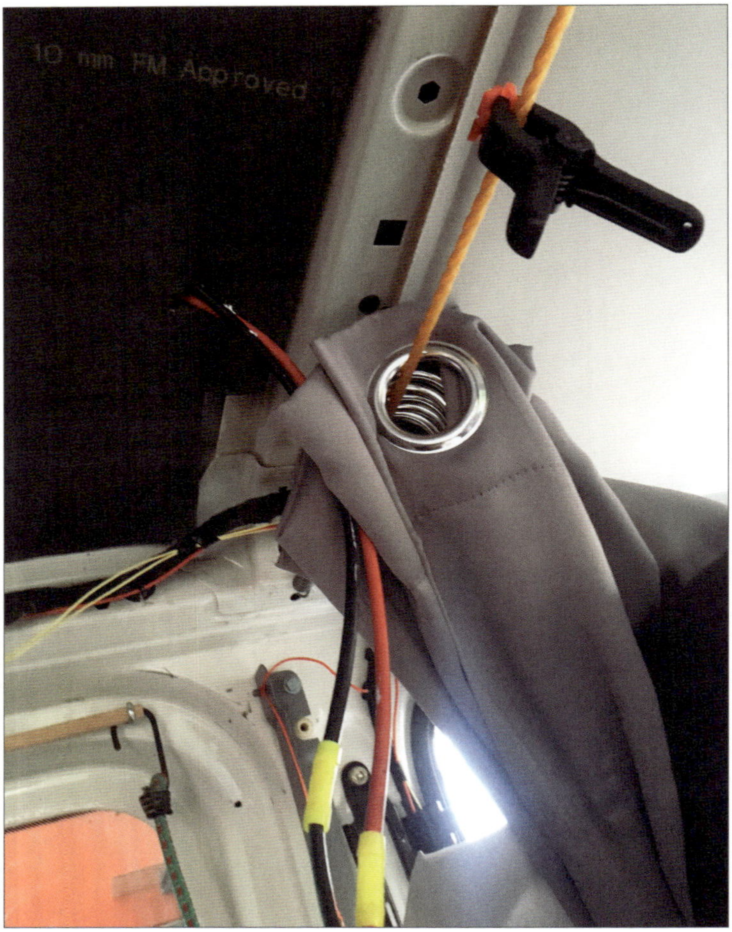

Die zusätzlichen Leitungen werden an die vom Solarmodul kommenden Kabel mittels Quetschverbinder angeklemmt

Der Victron-Laderegler erlaubt das manuelle Einstellen der Ladekennlinien sowie das Überwachen des Ladevorgangs per VictronConnect-App

Tabellenübersicht

Werkzeuge	Arbeitsmaterial	Menge	Preis	Arbeitsschritte	Arbeitsaufwand
Metallsäge Feile	Aluleisten 60 mm x 35 mm x 100 cm (je nach verwendetem Solarpaneel)	2x	ca. 15 € (Baumarkt)	Aluleiste mit Eisensäge auf passendes Seitenmaß des Paneels sägen, Kanten mit Feile entgraten	ca. 30 Min.
Akkuschrauber Bohrer Schraubendreher Bit-Einsatz	100 Watt Solarpaneel	1x	ca. 100 € (Internet/Fachhandel)	mit Akkuschrauber Löcher durch die Aluleisten und den Rahmen des Solarpaneels vorbohren mit Edelstahlschrauben die Aluleisten an das Paneel schrauben	

Werkzeuge	Arbeits-material	Menge	Preis	Arbeitsschritte	Arbeits-aufwand
Klebeband (Kreppband) feines Schleifpapier oder Schleif-block/Schleif-schwamm Reinigungs-lösung		1x	ca. 5–10 € (Baumarkt)	Solarpaneel mit zweiter Person auf das Dach heben und gewünschte Position mit Klebeband markieren/»abtapen« den Lack auf dem Fahrzeugdach an der Klebeposition mit Schleifpapier oder einem Schleifblock leicht anrauen Schleifreste mit Reini-gungslösung entfernen	ca. 20 Min.
Pinsel/Tupfer	Lackprimer/ Aktivator	1x	(ggf. im Set enthalten)	mit dem Pinsel oder Tupfer den Primer oder Aktivator auf die angerauten Aluleisten auftragen	ca. 10 Min. + Trock-nungszeit
Kartuschen-pistole/ Klebepistole Plastik-spachtel Gummi-handschuh	Sikaflex-Kleber	1x Kartusche	ca. 15 € – oder im Klebe-Set ca. 30 € (Internet/ Fach-handel)	mit der Klebepistole Sikaflex großzügig auf beide Klebeflächen auf dem Dach auftragen mit zweiter Person das Paneel inkl. Aluleisten vorsichtig auf den Kleber setzen, ggf. ausmitteln und leicht anpressen überquellenden Kleber z. B. mit einem geeig-netem Spachtel oder ei-nem Gummihandschuh entfernen/abziehen	ca. 20 Min. + mind. 24 h Trock-nungszeit (Ge-brauchs-anweisung beachten)

Werkzeuge	Arbeitsmaterial	Menge	Preis	Arbeitsschritte	Arbeitsaufwand
Akkuschrauber/Bohrmaschine ca. 30 mm Lochsäge		1x		gewünschte Position der Kabeldurchführung bestimmen mit Lochsäge ein Loch durch das Dach bohren	ca. 20 Min.
Rundfeile				Grat mit Feile entfernen	
Grundierung/Fahrzeuglack	Grundierung/Lack		ca. 5 € (Baumarkt/Fachhandel)	Grundierung oder Fahrzeuglack auf gebohrte Stelle auftragen	+ ca. 10min Trocknungszeit
Klebeband (Kreppband)	Primer Aktivator	1x (im Set enthalten)	1x (Fachhandel/Internet)	Rand der Dachdurchführung mit Klebeband abtapen	
feines Schleifpapier Schleifblock/Schwamm	Sikaflex			Klebefläche/Lack entlang des Tapes anrauen und reinigen	
				Klebefläche auf dem Dach ggf. mit Primer/Aktivator bestreichen (Verpackungshinweise beachten)	ca. 30 Min.
Reinigungslösung				Sikaflex mit Klebepistole auf der bearbeiteten Klebefläche auftragen	+ ca. 10 Min. Trocknungszeit des Primers + mind. 24 h Trocknungszeit des Klebers (Gebrauchsanweisung beachten)
Pinsel/Tupfer Klebepistole/Kartuschenpistole				Leitungen des Paneels durch die Dachdurchführung sowie das Loch im Dach führen	
				Dachdurchführung samt Leitungen vorsichtig auf den Kleber setzen und anpressen	

Werkzeuge	Arbeitsmaterial	Menge	Preis	Arbeitsschritte	Arbeitsaufwand
Quetschverbinderzange	Solarleitungen ($8\ mm^2$, je nach Leistung der Solaranlage) Quetschverbinder	1x (Plus- und Minuskabel) Länge abhängig von der Lage des Reglers ca. 4x	ca. 15 € (Internet/Fachhandel)	Solarleitungen mit dem Plus- und Minuskabel vom Solarpaneel kommend im Innenraum mit Quetschverbindern verbinden	ca. 20 Min.
Schraubendreher (Schlitz-)	Laderegler (Victron-SmartSolar) MPPT 75/10)	1x	ca. 100 € (Internet/Fachhandel)	Plus- und Minusleitungen des Solarpaneels an »PV«-Eingang des Reglers schließen Plus- und Minusleitungen für die Zusatzbatterie an den »BATT«-Ausgang schließen (auf korrekte »Polung« achten)	ca. 20 Min.

15. Standheizung nachrüsten

Vorabinfos

Eine Standheizung im Campervan trägt ganz klar zu einem großen Plus an Komfort bei. Kühle Nächte stellen somit kein Problem mehr dar. In meinem Fall habe ich mich für eine kostengünstige »KW-Chinaheizung« entschieden. Der Einbau anderer Dieselstandheizungen erfolgt jedoch analog zu der nachfolgend beschriebenen Anleitung.

Arbeitsschritte

Funktionsprüfung

Da ich dem günstigen Fernostnachbau nicht auf Anhieb vertraute, habe ich das Gerät im ausgebauten Zustand zuerst auf die Funktionalität geprüft. Da alle dafür benötigten Komponenten mitgeliefert wurden, nahm die Erstinstallation zur Funktionsprüfung nur etwa 15 Minuten in Anspruch. Durch die lange Kraftstoffleitung kann es dazu führen, dass die Heizung nicht anspringt, da der Kraftstoff nicht schnell genug zur Heizung gepumpt wird.

Nach dem ersten Start wird die Heizung starken Rauch entwickeln, da sich das Heizgerät sowie das Abgasrohr erst »freibrennen« müssen.

Info

Je nach Bedienteil gilt es bei der digitalen Variante die Tastenkombination OK + Pfeil nach oben gedrückt zu halten. Damit wird die Kraftstoffpumpe angetaktet, um die Leitung zu befüllen oder zu entlüften. Hat man diese Funktion nicht, empfiehlt es sich, den Diesel etwas anzusaugen. Entweder mit einer Vakuumpumpe oder mit dem Mund. Bei letzterer Variante sollte man, kurz bevor der Diesel im Mund landet, aufhören.

Einbauort und Befestigung

1. Als finalen Einbauort empfiehlt sich die originale Unterflurbefestigung beim T5 (am Längsträger rechts auf Höhe der Schiebetür). Dafür muss die Unterbodenverkleidung demontiert werden.
2. Den Halter zur Montage des Heizgerätes am Unterboden ließ ich mir aus Edelstahl anfertigen. Die genauen Maße hierfür maß ich vorher aus. Im Internet gibt es solche Halter jedoch auch fertig zu kaufen.

Standheizungshalter für die Montage am Unterboden »Marke Eigenbau«

3. Die benötigten Löcher für den Luftansaug- und Abgasausgang der Heizung sägte ich mit einer Lochsäge und einem Stufenbohrer aus.
4. Den Halter mit der montierten Heizung schraubte ich mit Edelstahlblechtreibschrauben an die vorher ausgemessene Position.
5. Hängt die Heizung am Unterboden, können die Anbauteile montiert und verlegt werden.

Die Standheizung samt Halter habe ich am originalen Einbauort am Unterboden rechts (VW T5) verbaut

Kraftstoffzufuhr

Hat man schon eine Warmwasserstandheizung oder einen Zuheizer verbaut, ist es möglich, an dessen Dieselleitung ein T-Stück einzusetzen, um die Luftzusatzheizung mit Diesel zu versorgen. Dies sollte man vorher in der Ausstattungsliste seines Fahrzeugs prüfen. Erkennbar ist dieses Ausstattungsmerkmal (Luftzusatzheizung) an einer ca. 5 mm dünnen Plastikleitung, die vom Tank in den vorderen Bereich des Motorraums zu einem Bauteil führt, das fast identisch zur nachgerüsteten Standheizung aussieht. Wenn kein Zuheizer oder keine Warmwasserstandheizung verbaut ist, muss der Tank ausgebaut werden. Für einen einfacheren Ausbau sollte dieser nahezu leer sein.

Tipp
Für die nachfolgenden Arbeitsschritte ist eine Hebebühne von Vorteil.

1. Der Einfüllstutzen des Tanks wird durch eine Schraube in der B-Säule gehalten, die erst zugänglich wird, wenn man die Plastikverkleidung des Tankeinfüllstutzens ausbaut. Ist diese Schraube abgeschraubt, geht es unter dem Fahrzeug weiter.

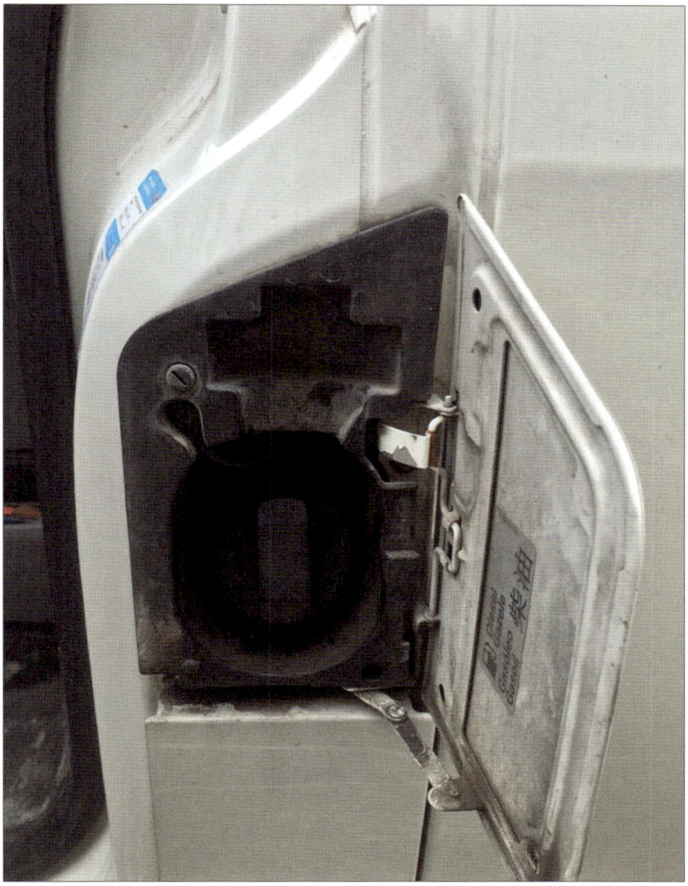

Hinter der Plastikverkleidung des Tankeinfüllstutzens sitzt eine Schraube, die gelöst werden muss, um den Tank auszubauen

2. Nun muss die Unterbodenverkleidung des Tanks entfernt werden. Danach sind die sechs Schrauben der Fangbänder, die den Tank halten, zugänglich.
3. Ein Getriebeheber oder eine andere Stütze unter dem Tank dient zum Ablassen/Abstützen des Tanks, nachdem alle Fangbänder gelöst sind. Dabei ist darauf zu achten, dass die Krafstoffzulauf- und -rücklaufleitung sowie der Kabelsatz aus den Haltern am Tank gelöst werden.

4. Der Stecker und die Kraftstoffleitungen müssen anschließend von der Kraftstoffpumpe, die im Tank sitzt, abgeklipst werden. **Die blaue Leitung (Rücklauf) und die schwarze Leitung (Vorlauf) dürfen beim späteren Wiederanschließen an die Kraftstoffpumpe nicht vertauscht werden!**

Der demontierte Tank mit der ausgebauten Kraftstoffpumpe

Kraftstoffentnahme aus der Kraftstoffpumpe

Um den Diesel zur Versorgung der Standheizung zu entnehmen, kommen zwei Möglichkeiten infrage: Entweder wird ein Entnahmerohr direkt in den Tank gesetzt (dafür muss ein Loch in den Tank gebohrt werden) oder man baut das Entnahmerohr in die Kraftstoffpumpeneinheit (dafür muss ein Loch in das Oberteil der Kraftstoffpumpe gebohrt werden).

Ich habe mich für letztere Variante entschieden, da so auch immer die originalen Standheizungen verbaut werden.

1. Um die Kraftstoffpumpe auszubauen, muss die Überwurfmutter gelöst werden. Dies geht entweder mit einem Spezialwerkzeug oder durch vorsichtiges Hämmern mit ei-

nem großen (stumpfen) Schlitzschraubendreher und einem Hammer gegen die »Flügel« der Überwurfmutter.

2. Das Rohr zur Kraftstoffentnahme für die Standheizung wird in die Kraftstoffpumpe integriert. Hierfür gibt es im Internet spezielle Entnahmerohre aus Metall zu kaufen. Ich habe mir aus den im Lieferumfang enthaltenen Teilen ein Entnahmerohr gefertigt.

Das Krafstoffentnahmerohr baute ich mit den mitgelieferten Komponenten selbst

3. Dafür nutzte ich den Kraftstoffentnahmestutzen und ein Stück vom Kraftstoffrohr. Die exakte Länge des Rohrs kürzte ich auf die Länge, dass ein Leersaugen des Tanks nicht möglich ist.
4. In den Metallstutzen muss ein ca. 5 mm tiefes Loch gebohrt werden, in das die Kraftstoffleitung vom Durchmesser gerade so hineinpasst.
5. Die Leitung verklebte ich anschließend großzügig mit 2K-Kleber, damit sich das Rohr später im Tank nicht wieder lösen kann.
6. Das fertige Entnahmerohr verbaute ich an der original dafür vorgesehenen Stelle, im Deckel der Kraftstoffpumpe. Dafür wird ein M8er-Loch gebohrt, durch das der Entnahmestutzen gesteckt und mit der mitgelieferten Dichtung und Mutter verschraubt wird.

Das Entnahmerohr muss auf die Länge abgelängt werden, dass die Standheizung den Tank nicht leer saugen kann

Den Entnahmestutzen baute ich in den Deckel der Kraftstoffpumpeneinheit

7. Das Plastikröhrchen befestigte ich mit einem Kabelbinder an einer dafür vorgesehenen Aussparung in der Kraftstoffeinheit.

> **Info**
>
> Bei den Arbeiten am Kraftstoffsystem ist absolute Sauberkeit und Sorgfalt Pflicht, damit keine Späne oder andere Schmutzpartikel in das System gelangen oder spätere Undichtigkeiten entstehen.

8. Wenn das Kraftstoffentnahmerohr in die Kraftstoffpumpe gebaut ist, kann die Einheit wieder in den Tank gebaut werden (auf den richtigen Sitz der Dichtung achten).
9. Die Überwurfmutter gerade ansetzen und ausreichend festziehen (Drehmoment ca. 70 Newtonmeter).
10. Nun kann die Kraftstoffleitung mit den mitgelieferten Schellen an dem Anschluss des Entnahmerohrs befestigt werden. Die Leitung wird entlang der anderen Kraftstoffleitungen am Tank verlegt und eingeklipst (passende Befestigungen sind schon ab Werk am Tank vorhanden).
11. Sind alle Leitungen und Kabel korrekt am Tank angeschlossen, kann dieser wieder eingebaut werden.
12. Die nachgerüstete Kraftstoffleitung kann durch einen Querholm am Unterboden zur Heizung geführt werden.

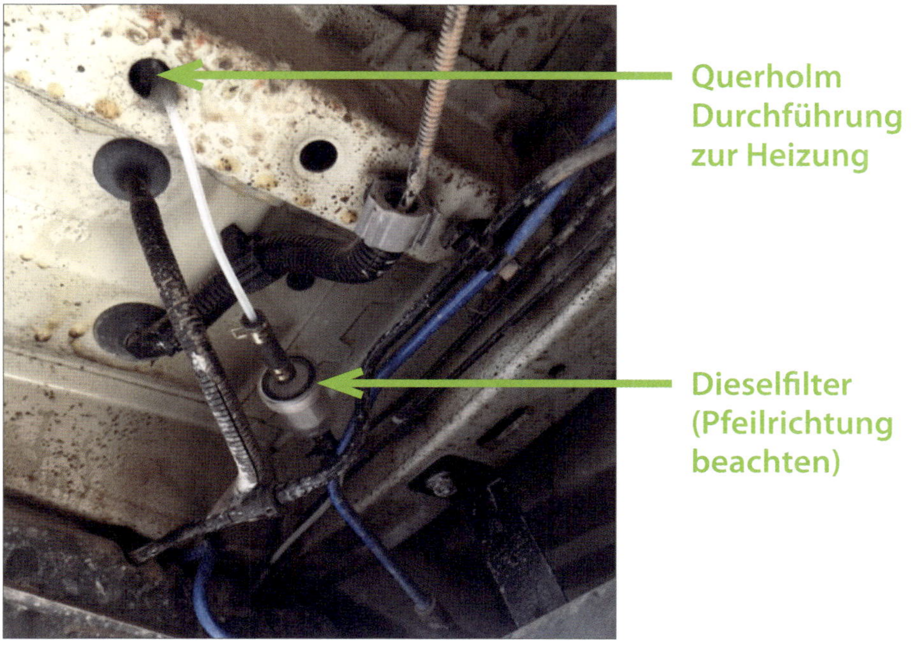

13. Davor montiert man den mitgelieferten Filter (Durchflussrichtung ist mit Pfeil markiert).
14. Die Kraftstoffpumpe für die Standheizung wird in der Nähe des Heizgerätes verbaut und mit der Kraftstoffleitung verbunden (Durchflussrichtung ist mit Pfeil markiert).
15. Vom Ausgang der Pumpe geht man nun mit einem kurzen Stück Dieselleitung an den Dieselanschluss der Heizung.

Die Kraftstoffpumpe der Heizung wird in der Nähe des Heizgerätes montiert (Pfeilrichtung beachten)

Lüftungsrohre anschließen

Wenn die Anbauteile für die Heizung am Unterboden verbaut und die Leitungen montiert und befestigt sind, geht es im Innenraum weiter. Bei der Luftzufuhr der Heizung habe ich mich für die Umluftvariante entschieden. Diese hat gegenüber dem Frischluftbetrieb den Vorteil, dass die erwärmte Luft des Innenraums genutzt wird. Damit hat die Heizung vor allem bei niedrigen Außentemperaturen deutlich weniger zu heizen und kommt weniger schnell an ihre Leistungsgrenze.

1. Beifahrersitz inklusive Konsole ausbauen.
2. Danach muss die untere Verkleidung der B-Säule sowie die Trittstufe auf der Beifahrerseite ausgebaut werden. Beides wird nur über Clips an der Karosserie gehalten. Um die B-Säulenverkleidung abzubauen, muss man den Beifahrergurt unterhalb der B-Säulenverkleidung mittels 10er-Vielzahnsteckschlüssel lösen.
3. Für die Umluftvariante muss mit einer Lochsäge ein etwa 70 mm großes Loch in die Plastikverkleidung der Trittstufe und die Karosserie gebohrt werden. Die genaue Position ermittelt man, wenn die Plastikverkleidung ausgebaut ist.
4. Durch das gebohrte Loch wird ein Luftansaugrohr geführt, das auf den Ansaugstutzen der Heizung gesteckt wird. Das Wellrohr für die Umluftvariante ist nicht im »Chinaheizungskit« enthalten. Man muss sich also ein passendes Wellrohr im Internet oder von einem Caravanhändler besorgen. Zusätzlich muss man ein passendes Lüftungsgitter für das Loch in der Trittstufe kaufen. Dort wird das Ende des Luftansaugrohrs angebracht, über das dann die zu erwärmende Luft angesaugt wird.

Das Ansauggitter in der Trittstufe für die Umluftvariante der Standheizung

Die Schnittkanten in der Karosserie müssen entgratet und durch Grundierung und eine Lackschicht vor Rost geschützt werden.

> **Tipp**
> Das Loch nicht zu tief in die Ecke der Trittstufe sägen, da sonst das Lüftungsgitter nicht mehr passt. Genau ausmessen!

5. Das Loch für die Warmluftzufuhr in den Innenraum wird ebenfalls mit einer 70-mm-Lochsäge an der originalen Austrittstelle der B-Säule und deren Verkleidung gebohrt.
6. Das mitgelieferte 60-mm-Wellrohr wird von dort hinunter zum Warmluftaustritt durch einen beim VW T5 vorhandenen Hohlraum zur Heizung geführt und dort mit einer Schelle befestigt.
7. In das Loch der B-Säulenverkleidung wird die mitgelieferte Luftdüse geschraubt und das 60-mm-Warmluftrohr aufgesteckt.

Warmluftaustritt in der B-Säule

Elektrik

1. Zum einfacheren Verlegen der Leitungen sollten der Beifahrer- sowie Fahrersitz ausgebaut sein.
2. Die Kabeldurchführung befindet sich unter dem Beifahrersitz und ist durch einen Gummistopfen verschlossen. Dieser wird entfernt und eingeschnitten. Anschließend führt man durch diesen Gummistopfen den Kabelsatz für die Heizung und deren Kraftstoffpumpe nach und schließt die Stecker an.
3. In der Nähe der Kabeldurchführung befindet sich im Innenraum des VW T5 ein Massepunkt, der für den Anschluss der Kabelöse des Minuskabels genutzt werden kann (schwarze Leitung).
4. Die Plusleitung wird unter dem Gummiboden der Fahrerkabine zur Zweitbatterie unter dem Fahrersitz gelegt.
5. Die Plusleitung mit der Sicherung wird mittels Kabelöse an der Zweibatterie verschraubt.

Da ich immer wieder von einem zu hohen Stromverbrauch im Stand-by-Betrieb in Zusammenhang mit der LCD-Bedieneinheit der Heizung gelesen habe, habe ich einen zusätzlichen Schalter in die Plusleitung gesetzt, um die Heizung komplett stromlos zu machen.

Wenn der Kabelbaum korrekt verlegt und angeschlossen ist, kann ein Probelauf der Heizung vorgenommen werden. Die Standheizung sollte 20 Minuten auf unterschiedlichen Leistungsstufen laufen. Bei der Nutzung des LCD-Bedienteils ist auf die korrekt eingestellten Werte zu achten, mit denen die Heizung betrieben wird. (Hier gibt es Unterschiede bei den verschiedenen Leistungsstufen der Heizungen.)

Nachfolgend gibt es eine Liste mit den Einstellungen für die 2-KW-Variante.

Das LCD-Bedienteil bietet unterschiedliche Einstellungsmöglichkeiten für unterschiedliche Standheizungen

Um in das Einstellungsmenü zu gelangen, muss man den Einstellungsknopf dreimal nacheinander drücken und danach über die Pfeiltasten den Code **1688** eingeben.

Anschließend gibt man folgende Werte ein:

- Kraftstoffpumpe minimale Taktung: P- 1.0Hz
- Kraftstoffpumpe maximale Taktung: P- 3.0Hz

- minimale Drehzahl des Heizungslüfters: 1500RPM
- maximale Drehzahl des Heizungslüfters: 4300RPM
- SN 1
- 12 Volt

In das Menü für die Anpassung der Funkfernbedienung kommt man durch Gedrückthalten der OK- und Pfeil-nach-oben-Tasten. Anschließend muss man die On- oder Off-Taste der Fernbedienung drücken, bis die LED grün aufleuchtet.

Tabellenübersicht

Werkzeuge	Arbeits-material	Menge	Preis	Arbeitsschritte	Arbeits-aufwand
Steckschlüssel/ Akkuschrauber 8er und 10er Nuss		1x		Unterbodenverkleidungen links und rechts abbauen	ca. 15 Min.
Steckschlüssel/ Akkuschrauber 20er Torx Ratsche, Verlängerung 13er Nuss Getriebeheber		1x		Tankstutzen von B-Säule lösen Fangbänder am Tank lösen Tank absenken Leitungen und Schläuche lösen	ca. 30–45 Min.
Spezialwerkzeug oder Hammer und großer Schlitzschraubendreher Akkuschrauber Bohrer M8	Kraftstoffentnahmerohr (nicht im Lieferumfang enthalten) ggf. selbst anfertigen Kabelbinder	1x	ca. 10 €	Kraftstoffpumpe ausbauen und entnehmen Kraftstoffentnahmerohr in die Kraftstoffeinheit einbauen Kraftstoffentnahmerohr anfertigen	ca. 5 Min. ca. 15 Min. ca. 20 Min. + Trocknungszeit für den Kleber

Werkzeuge	Arbeits-material	Menge	Preis	Arbeitsschritte	Arbeits-aufwand
Spezialwerkzeug oder Hammer und großer Schrauben-dreher				Kraftstoffpumpe mit eingebautem Entnahme-rohr in den Tank bauen (Position des Dichtrings der Pumpe beachten)	ca. 5 Min.
Zange	Dieselleitung, Schlauch-schelle (im Lieferumfang enthalten)	1x		Dieselleitung an den Anschluss des Entnahme-rohrs anschließen und am Tank verlegen	ca. 5 Min.
Getriebeheber Ratsche, Verlängerung, 13er Nuss				Tank einbauen, Schläuche und Leitungen korrekt anschließen und verlegen Tankstutzen an die B-Säule schrauben	ca. 30–45 Min.
Zange	Dieselfilter, Schlauch-schellen	1x		Dieselfilter in die Diesel-leitung setzen	ca. 10 Min.
Seitenschneider	Dieselleitung (im Liefer-umfang enthalten)			Dieselleitung vom Diesel-filter durch den Quer-holm am Unterboden zur Heizung führen	ca. 10 Min.
Akkubohrer, M5-Bohrer	Muttern M6	4x	ca. 2 €	Standheizung an Halter schrauben	ca. 10 Min.
	Halter für Heizgerät (ggf. anfertigen lassen oder im Internet kaufen)		ca. 50 €	Halter inkl. Heizgerät am rechten Fahrzeugunter-boden befestigen	ca. 20 Min.
	starke Edelstahl Blechtreib-schrauben (M6)		ca. 2 €		
Seitenschneider Schrauben-dreher	Kabelbinder Schellen Schrauben (im Liefer-umfang enthalten)	5–10x		Anbauteile und Leitun-gen am Heizgerät nach Anleitung anschließen und ordnungsgemäß ver-legen und befestigen	ca. 30 Min.

Werkzeuge	Arbeitsmaterial	Menge	Preis	Arbeitsschritte	Arbeitsaufwand
Bohrmaschine/ Akkuschrauber 70 mm Lochsäge Feile Ratsche, 10er Vielzahn	Textmarker/ Edding Grundierung, Fahrzeuglack Grundierung, Fahrzeuglack	1x 1x	 ca. 10 €	Trittstufe Beifahrerseite ausbauen Einbaulage für den Luftansaug der Heizung in der Beifahrertrittstufe markieren Loch in Trittstufe und Karosserie bohren, entgraten, anschließend Rostschutz auftragen Beifahrersitz inkl. Konsole ausbauen B-Säulenverkleidung ausbauen Einbaulage für die Warmluftzufuhr an der B-Säule markieren Loch in B-Säule bohren, entraten, anschließend Rost konservieren Loch in B-Säulenverkleidung bohren	ca. 45 Min. ca. 60 Min.
	65-mm-Wellrohr für Luftansaug-/ Umluftbetrieb (nicht im Lieferumfang) 60-mm-Wellrohr (im Lieferumfang) Lüftungsgitter Trittstufe Lüftungsgitter B-Säule (im Lieferumfang)	1x ca. 50 cm 1x	ca. 5 € ca. 10 €	Luftansaugrohr (ca. 65 mm) und Warmluftrohr (ca. 60 mm) durch die gesägten Löcher zur Heizung führen und auf die jeweiligen Anschlüsse stecken (ggf. mit Schellen befestigen) Lüftungsgitter in die Trittstufe und B-Säulenverkleidung bauen, anschließend Trittstufe und B-Säulenverkleidung einbauen, dabei die Rohre auf die Luftdüsen schieben	ca. 15 Min. ca. 20 Min.

Werkzeuge	Arbeitsmaterial	Menge	Preis	Arbeitsschritte	Arbeitsaufwand
Ratsche, 13er Nuss, 10er Vielzahn, 16er Nuss, Verlängerung, 13er Ring-/ Maulschlüssel		1x		Fahrer- und Beifahrersitz/ Sitzkiste ausbauen	ca. 30 Min.
10er Ring-/ Maulschlüssel	Kabelsatz für Standheizung Kabelbinder (im Lieferumfang)	1x		Leitungsstrang an Pluspol der zweiten Batterie schließen und zum Beifahrersitz verlegen Gummistopfen aus Fahrzeugboden entfernen, Leitungen für Heizgerät und Kraftstoffpumpe durch das Loch führen, befestigen und anschließen Minuskabel des Leitungsstrangs (schwarz) an Massepunkt unter Beifahrersitz schrauben	ca. 45 Min.
	Bedieneinheit für Heizung (im Lieferumfang)	1x		Bedieneinheit der Heizung an einem beliebigen Ort befestigen und anschließen Probelauf der Standheizung durchführen	ca. 20 Min.
Ratsche, 13er Nuss, 10er Vielzahn, 16er Nuss, Verlängerung, 13er Ring-/ Maulschlüssel, Steckschlüssel, 8er Nuss				alle noch ausgebauten Teile wieder einbauen (Sitze, Unterbodenverkleidung etc.)	ca. 45 Min.

Nachwort

Ich hoffe, ihr konntet dem Buch einige Informationen, Inspiration oder direkte Anleitungen zum Nachbauen entnehmen, die ihr in Zukunft bei eurem eigenen Camperprojekt umsetzen könnt.

Für mich war das Schreiben dieses Buches ein relativ langer und völlig neuer Prozess. Da ich mich nun schon seit längerer Zeit mit meinem Van auf Reisen befinde, ist dieses Buch auch währenddessen entstanden. Da es beim Umbau eines eigenen Campers auch immer auf das eigene Nutzungsverhalten ankommt, ist es nicht einfach, den Vorstellungen auf diesem Gebiet gerecht zu werden und jeden Geschmack zu treffen.

Dennoch findet ihr von den Basics, die in jedem Camper-Ausbau angewandt werden können, bis hin zu netten Features und Nachrüstoptionen eine bunte Mischung, bei der für jeden Leser etwas Interessantes dabei sein sollte. Ich wünsche euch viel Spaß mit dem Buch und beim Ausbau des eigenen Campervans. Außerdem wünsche ich euch mit eurem Camper wunderschöne Erlebnisse – egal ob im Alltag, im Urlaub oder auf langen Reisen. Das Leben im Van gehört in jedem Fall zu einem der wohl schönsten und freiesten Lebensstile, die es gibt, wie ihr an den nachfolgenden Reiseimpressionen sehen könnt.

Wer mehr von mir lesen möchte, kann meine Website www.vantasticoutdoorlife.de/ oder meine gleichnamigen Kanäle auf Instagram und Facebook besuchen.

Bei Fragen oder Anmerkungen könnt ihr mir gern eine E-Mail zukommen lassen:
vantasticoutdoorlife@gmail.com

Bis dahin viel Spaß beim Camperausbau, euer Lukas

Reiseimpressionen

Werkzeugliste

Elektrische Geräte

- Winkelschleifer + Fächerscheibe/CSD-Scheibe, Trennscheibe, Drahtigel
- Akkuschrauber
- Bohrmaschine
- Stichsäge + Holz und Metallsägeblätter
- Heißluftföhn
- Kreissäge
- Staubsauger
- Heißklebepistole

Mechanische Werkzeuge und Tools

- Körner
- Meißel
- Schleifpapier mit diversen Körnungen
- verschiedene Feilen
- Cuttermesser
- Kartuschenpistole/Klebepistole
- Pinsel
- Hammer
- Säge (Metall und Holz)
- verschiedene Arten von Zangen
- verschiedene Schraubendreher
- Bit-Einsätze
- Bohrerkassette
- Lochsägen (Metall und Holz)
- diverse Schraubenschlüssel
- Ratsche (klein und groß)
- Nusskasten/Steckschlüsselaufsätze
- Zollstock
- Bandmaß
- Wasserwaage
- Winkel
- Locheisen
- Nietzange
- Nietmutternzange
- Schraubzwingen
- Federzwingen

Werkzeuge für die Fahrzeugelektrik

- Multimeter
- Kabelschuhzange/Crimpzange
- Abisolierzange

Notizen

A

B

C

D

E